スウェーデンの修復型まちづくり

知識集約型産業を基軸とした「人間」のための都市再生

伊藤和良
ito kazuyoshi

新評論

はじめに

毎年五月、私はヨーテボリ市企画室長、ハンス・アンデル氏のサマーハウスを訪れる。ここは、スウェーデン第二の都市、ヨーテボリ（イエーテボリと表記されることもある）から車で一時間程度、北に向かって海岸線を走った所にある。サマーハウスは明るい森の中にあり、私が訪れるころにはビットシッパ（vitsippa）という白い花が一面に咲きそろう。そして、この花に出合うことで長旅の疲れが次第に癒えてくる。

今年は、久しぶりに妻と一緒にこのサマーハウスを訪れることができた。ひときわ青い五月の空に、私の掲げたスウェーデン国旗が風にな

ハンス・アンデル氏のサマーハウス

びいている。強い日差しだが、カラリとして気持ちがいい。妻と二人で裏庭の花を摘みながらゆっくり歩いていると、「夕飯だよ」とハンスの奥様が私たちを呼ぶ。何か、子ども時代に戻ってしまったような感じだ。今日の夕食は、先ほどまでみんなで一緒に皮を剥いていた山野草でつくった大きなパイである。そして、私が日本から持参した「多摩ほまれ」や「田ゆう」という地酒や「多摩の寒葵」というワイン、ハンス氏の用意したアクアビットが食卓に並ぶ。

夜も更けるにつれて話も弾んでいく。私は日本の雑誌を広げながら、スウェーデンのサイエンスパークの紹介記事について説明する。

「日本では、いま、スウェーデンへの熱い視線が注がれています。この記事にある通り、マスコミはバブル経済の崩壊に伴う金融不安を克服し、スウェーデンはいまＩＴ産業を核として力強い発展を続けていると絶賛しています。日本もスウェーデンのように予算の重点配分を行い、産業の構造転換を図り、早く金融不安を脱して世界最強のＩＴ国家をめざせといった主張です」

「確かに、日本からの視察団をよく見かける」と、ハンス氏がうなずく。

「不思議ですよね。つい最近まで、福祉社会は経済に弱いとされてきました。スウェーデンでは過剰福祉から生まれた悪平等がはびこり、また公的機関の肥大化による官僚主義の弊害など、非効率な『スウェーデン・モデル』は危機にあると喧伝されてきました。こういった主張は、どこへいってしまったのでしょうか」という疑問に、ハンス氏は次のように答えた。

「さらに踏み込んで、かつて疑問視してきた福祉や教育システムへの着目も行われているようですね。スウェーデン産業の発展や産業の構造転換をもたらしたものが、国民高等学校などを含む成人の再学習を容易にする仕組みや失業者に対する手厚いセーフティネットだとも語られます。少しでも違うシステムを求めたい気持ちは分かりますが、うわべだけの紹介では心もとないような気もします」

長い間、スウェーデンの一自治体を見続けてきた私にとって、スウェーデンへの賞賛の声は大変にありがたいし、光栄なことだと思う。しかし、手のひらを返したような賞賛は、つい最近まで福祉社会の非効率性を説いてきた論調からすれば一過性のものと見ておいた方が無難なのかもしれない。

ハンス氏が言葉を続ける。

「確かに、バブル経済崩壊後のスウェーデン中央政策の対応は本当にすばやかったと思います。一九九二年九月、保守・中道政権は、当時、野党であった社会民主党との合意の下に、経済不況は『政府の政策失敗』によることを明確にしました。そして、早急に経済を回復させるために、財政支出の削減や銀行の債務を保証することなどを宣言しています。その年の一二月には『銀行支援法』がまとめられ、上限なしの債務保証が全預金者と全債権者にもたらされたんです」

私が、ハンス氏のグラスに日本酒をつぎたす。

「一九九三年五月、中央政府は不良債権管理会社を創設しました。破綻した銀行の全株式を不良債権管理会社が買い取り、身軽になった銀行を国営銀行が吸収するためです。その後、この国営銀行は徹底したリストラにより業績を回復し、民営化を図って北欧最大級の銀行（Merita Nord-banken）として蘇っています。確か、銀行救済のために設立された不良債権管理会社も債権回収という当初の目的を達成し解散になったはずです。バブル経済への対応は二年から三年で終了しました」

一九九〇年から一九九三年まで三年連続してマイナスとなっていたGDPは、すばやい政策対応により急速な伸びを示した。金融危機によって沈み込んでいた精神状態から国民の間に将来に対する希望が立ち戻り、この後スウェーデン経済は回復していく。一九九四年九月に政権に復帰した社会民主党は、これまで以上に早いスピードで財政構造改革を実行している。財政シーリングの設定、年金のスライド幅の抑制、エーデル改革の実施、日本でも注目を集める「年金制度の改革」などである。そして、一九九八年に中央政府の財政収支は黒字に転換した。

ハンス氏が小さなパンフレットを取り出した。

「これは私たちがつくったものです。ヨーテボリ市のサイエンスパークやウォーターフロント地区の内容を簡単なガイドブックとしてまとめています。『前提を疑え！』が社会科学の基本ですから、懐疑的な目でスウェーデンのサイエンスパークやまちづくりの現場を見たらどうですか」

小さなパンフレットの表題は『ノラエルブストランデン・ガイド』となっていた。「ノラエルブストランデン」、日本語で言えば「ヨータ川の北の岸辺」という意味だろうか。初めは舌を噛みそうだったが、呪文のように繰り返しているうちに次第に素敵な響きに変わっていった。

ハンス氏の手渡された小さなパンフレット、それを手にした時点から私の旅が始まった。ヨーテボリ市のウォーターフロント地区、「ノラエルブストランデン」の歴史とまちづくりの姿を訪ねる旅である。それは、造船不況に陥った一九七五年から現在に至るまでの時代変遷を縦軸に、地域の変貌や試行錯誤の繰り返しであった施策展開を丹念に見ていく作業でもある。

日本で盛んに賞賛されているスウェーデンのサイエンスパークの現況はどうなのだろうか。そして、多くの企業がこの地に集積するまでにはどのような努力がなされ、何がそれを導いたのだろうか。光には必ず影が生まれる。再開発、都市再生の試みは規制緩和などにより資本活動を容易にし、巨大な公共投資を集中させることで、地域に住む人々の生活とはかけ離れた、瀟洒で無機質な空間をつくり上げてしまうことも多い。ノラエルブストランデンの再開発、「修復型まちづくり」は、地域周辺の市民生活を本当に豊かにしたのだろうか。地域に住む人々との間で、経済的な摩擦や精神的な亀裂は引き起こされてはいないのだろうか。そして、造船不況で職を追われた人々はどんな思いでノラエルブストランデンの再開発を見ているのだろうか。

逆に、サイエンスパークの集積も、厳しい資本の論理の中にあるはずだ。スウェーデン経済も、グローバルな世界経済とは決して無縁のものではない。スウェーデンのめざす「人間のための都市づくり」といえども、経済的合理性や効率性などを重視しなければいずれ困難な壁に突き当たる。これも一つの真実ではないだろうか。

私はこんな問題関心に基づき、単にノラエルブストランデンのみでなく、ノラエルブストランデンが位置するルンドビィ地区の行政委員会や住民団体などを訪問し、再開発の課題や新旧住民の反応、ヨーテボリ市行政の姿などを地域の視点からとらえてみることにした。

スウェーデンにおける産業構造の転換、ITを基軸としたサイエンスパークの集積を、私は単に「成功物語」とだけとらえたくない。それは、スウェーデンという国の姿を上滑りでなくきちんと受け止めたいという、私自身の思いからでもある。私たち日本人は、島国に住むからか他国のすべてを理想の国として描いてしまう。私たち自身にたくさんの苦悩や困惑がある通り、スウェーデンにも、スウェーデン国民にもそれはある。もっと骨太の理解をしたい。もっと現場にぐっと入り込んだ説明が必要だと思う。

ノラエルブストランデンを一つの足がかりに、スウェーデンの経済やまちづくり、地域社会の姿を見つめてみよう。それは、日本にいる私たちが、私たちのための地域経済の有り様やまちづくりの方向性をつかむための作業である。新たな時代の扉は、研ぎ澄まされた意識と現場を基礎としたきめ細やかな実践を通じてのみ、開かれていくものと考えている。

（本書の作成にあたっては、ヨーテボリ市およびノラエルブストランデン開発株式会社に多くの協力を得た。本書は全5章で構成されているが、第2章、第3章は、前述のハンス・アンデル氏がプロジェクト・リーダーとしてまとめた資料を基に現場取材により作成した。第4章は、ヨーテボリ市の都市マスタープランを基本とし、第5章はルンドビィ地区委員会の担当やデルタの職員から多大なる協力を得た。）

もくじ

第4章　未来に向けての着実なステップ——都市マスタープランを中心に　167

第5章　依拠する視点の差異——人間のための都市とは？　231

スウェーデンの教育から学ぶ！

代表的な環境教育のテキスト

視点をかえて

自然・人間・全体

B.ルンドベリィ＋
K.アブラム=ニルソン
／川上邦夫訳

214頁
2200円

ISBN4-7948-0419-9

視点をかえることで太陽エネルギー、光合成、水の循環など、自然システムの核心をなす現象や原理がもつ、人間を含む全ての生命にとっての意味が新しい光の下に明らかになる。

自立していく子どもたちへ

あなた自身の社会

スウェーデンの中学教科書

A.リンドクウィスト
J.ウェステル
／川上邦夫訳

228頁
2200円

ISBN4-7948-0291-9

社会の負の面を隠すことなく豊富で生き生きとしたエピソードを通して平明に紹介し、自立し始めた子どもたちに自分を取り巻いている「社会」というものを分かりやすく伝える。

あせらないで ゆっくり学ぼうよ

スウェーデンののびのび教育

●河本佳子

「あせらなくてもいいじゃないか。一生涯をかけて学習すればいい」。グループ討論や時差登校など平等の精神を築く、ユニークな教育事情（幼稚園～大学）を自らの体験を基に描く。

ISBN4-7948-0548-9

243頁　**2000円**

大変なんです、でも最高に面白いんです

スウェーデンの作業療法士

●河本佳子

患者の障害面ばかりをみるのではなく、患者の全体像をも見極めて治療訓練にあたる「作業療法」。福祉先進国スウェーデンで現場に立つ著者の大変でも最高に面白い記録。

ISBN4-7948-0475-X

250頁　**2000円**

発見と学習を促す新しい環境作り

スウェーデンのスヌーズレン

●河本佳子

【世界で活用されている障害者や高齢者のための環境設定法】障害者の興味の対象となるものを身の回りに置くことで、新たな発見が生じ、様々なコミュニケーションが生まれる。

ISBN4-7948-0600-0

208頁　**2000円**

北欧諸国の代表的な消費者教育の入門ガイド

北欧の消費者教育

北欧閣僚評議会消費者問題委員会・編
大原 明美 訳

10月刊　ISBN4-7948-0615-9
A5判　180頁　予1800円

自立・共同・共生に基づく成熟社会へ

ライフ環境を共有・共創し、「自立・共同・共生」の視点から体系化を図り、成熟社会へ向けた21世紀型消費者教育モデルである「北欧の学校における消費者教育」の画期的実践ガイド!!教育・行政関係者および"消費"に関心のある方に是非おすすめ致します。

北欧・近刊予定！

比較障害児学

日本とスウェーデン

●小笠 毅

240頁　予2000円

〈北欧・バルト研究フォーラム〉

北欧に関する学術研究・情報のネットワーク（非営利団体）です。季刊ニュースレター『ベクサ』発行・会費無料。入会申込・詳細は小社へお問い合わせ下さい。

小さな塾から教育の未来を問う

学びへの挑戦

●小笠 毅

【学習困難児の教育を原点にして】「子どもの権利条約」を縦軸に、インクルージョン教育を横軸に、障害児教育を原点に据えて分析し、解決をめざす「遠山真学塾」の挑戦。

ISBN4-7948-0492-X

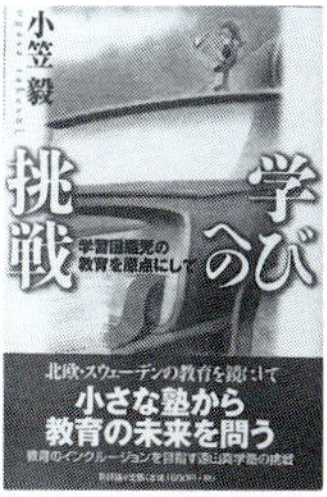

240頁　1600円

デンマークの民衆学校とは

改訂新版 生のための学校

●清水 満

【デンマークに生まれたフリースクール「フォルケホイスコーレ」の世界】テストも通知表もないデンマークの民衆学校の全貌を紹介。新版にあたり、日本での新たな展開を増補。

ISBN4-7948-0334-6

334頁　2500円

この国の存在感は、どこからくるのか?

前大使がレポートする最新事情

スウェーデン・スペシャル［I］

高福祉高負担政策の背景と現状

藤井 威

258頁
2500円

ISBN4-7948-0565-9

福祉大国の独自の政策と市民感覚を、金融のスペシャリストでもある前・駐スウェーデン特命全権大使が解き明かす最新事情レポート。

クリスター・クムリン 元・在日本スウェーデン大使 **すいせん!**

本邦初の〈ラトヴィア論〉も紹介

スウェーデン・スペシャル［II］

民主・中立国家への苦闘と成果

藤井 威

314頁
2800円

ISBN4-7948-0577-2

遊び心の歴史散歩から、歴史的経験に裏打ちされた中立非同盟政策、独自の民主的統治体制の背景が見えてくる。歴史、言語、民族性等を記述した「**付説・ラトヴィアという国**」収録。

北欧・近刊予定!

スウェーデン・スペシャル［III］

地方自治

●藤井 威

260頁　**予2500円**

北欧四カ国の最新動向

福祉国家の再検討

●白鳥 令編

福祉国家の先進モデルであるスウェーデン、デンマーク、ノルウェー、フィンランド四カ国の最新動向と、新しいタイプの福祉国家建設をめざすアジア諸国の可能性に迫る。

■日本政治総合研究所叢書

ISBN4-7948-0469-5

234頁　**3500円**

スウエーデンのNGOの活動

世界の子ども兵

●R・ブレット&M・マカリン／渡井理佳子訳

【見えない子どもたち】存在自体を隠され、紛争に身を投じ命を落とす世界中の子ども達の実態を報告し、法律の役割、政府・NGOの使命を説き、彼らを救う方策をさぐる。

ISBN4-7948-0566-7

296頁　**3000円**

スウェーデンの修復型まちづくり

——知識集約型産業を基軸とした「人間」のための都市再生

第1章

ノラエルブストランデン
（Norra Älvstranden）

スウェーデン第二の都市ヨーテボリ市、私は長らくこの街の活動を見続けてきた。ここには、日本が参考にすべき分権社会の一つのモデルがある。市域は二一に区分され、四五万人の都市でありながらも二万人を一つの単位とした施策展開が行われている。各地域ごとに設けられた「地区委員会」は、市民生活にかかわる身近な施策のすべての権限と財源を有し、網の目のようにきめ細かな福祉や教育を展開している。また、「計画なければ開発なし」を基本に、「都市マスタープラン（総合計画）」によってまちづくりの方向はきちんと示され、計画との整合性のないものについては建築許可を下ろさないという徹底した方針のもと、整然としたまちづくりが行われている(1)。

今回、私が新たにまとめ上げたものは、たゆることなく長い時をかけて形づくられてきたヨーテボリ市のウォーターフロントであるノラエルブストランデンの「破綻と再生の物語」である。それは、造船所が形づくってきた地域の歴史と文化を尊重し、過去の雰囲気を見事に生かしながら人が人として働き、生活し、学び、余暇を楽しむ「人間生活の場としての都市」を求める試みであった。

まず初めに、六ページの地図（**図1―1**）を見ていただきたい。ヨーテボリ市の中心にはヨータ川という大きな川が流れている。この川の左岸は、市役所や裁判所などの建物が立ち並ぶ市の中心部である。今回の物語の舞台であるノラエルブストランデンは、市の中心部とは川を挟んで反対側にあり、ヨータ川の右岸に位置している。図にある通り、ここは東にある「ヨータエルブ橋」と西にある「エルブスボリ橋」に挟まれた五キロ四方（二五〇ヘクタール）の空間である。

ノラエルブストランデンはかつての造船所の跡地で、現在はＩＴ関連のベンチャー企業や外資系企業、そしてエリクソンなどの先端企業がひしめく地域である。またここには、個人所有のマンション群も多数立ち並び、ヨーテボリ市民のあこがれの居住空間ともなっている。

オイルショックによる造船業の破綻が原因で地域経済の危機に直面した後、ノラエルブストランデンは都市再生に向けて、二五年もの長期にわたってこれまで試行錯誤を繰り返してきた。そして、さまざまな苦闘の末にこの地域が最終的にたどり着いた地平は、「知識集約型産業を基軸とした人間のための都市再生」という理念であった。それは、スウェーデン経済の苦闘の歴史の一端であり、地方政府の修復型まちづくりに向けた真摯《しんし》な努力を示すものでもある。

グローバルな産業社会の中、世界中の至る所で、人間の働く場所と生活する場所は完全に分断されている。人間として生きる時間、人間として自らを取り戻す空間は、激しい競争社会の中で狭められる。家庭の崩壊や地域コミュニティの減退をもたらした原因の一端がここにあるようにも思われる。ノラエルブストランデンの破綻と再生の物語は、厳しい市場経済の中にあって人間

（1）　拙著『スウェーデンの分権社会～地方政府ヨーテボリを事例として』（新評論、二〇〇〇年）において、スウェーデンの分権型自治体の多面的な姿を描いた。

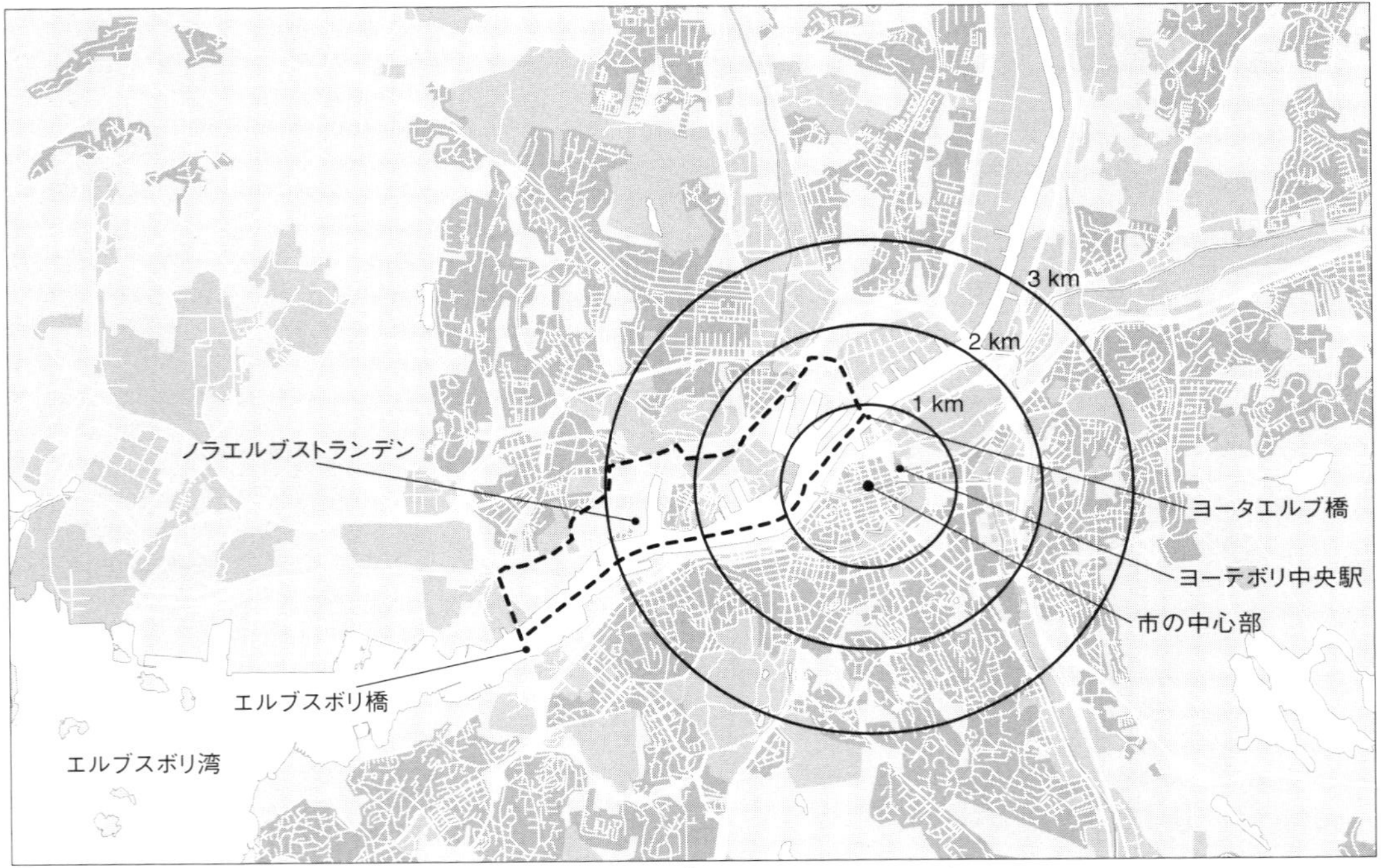

図1―1（出典：Norra Älvstranden The Guide）

性の回復を求める試みであり、スウェーデンらしい産業活性化とまちづくりの試みである。

ヨータ川によってヨーテボリ市は生まれ、いままた、ヨータ川の右岸地域に位置するノラエルブストランデンはヨーテボリ市の将来を左右する重要な戦略拠点となった。オイルショック後の二五年間、この地域はどのような変遷を遂げてきたのか、また何がこの変化をもたらしたのか、そしていったい誰がその変化を先導したのか。

ここには、危機の中から新たな方向をつかみだした大胆な試みがある。ノラエルブストランデンの破綻と再生の道筋をたどることで、その歴史が、閉塞状況にある日本の課題にもつながっていくことに気づく。この地域の変遷が日本に住む私たちに問い掛けるものはいったい何だろうか。

1――街の記憶～ヨータ川に刻み込まれた歴史

ヨータ川、ここには多くの歴史が眠っている。あらゆる場所に、たくさんの情報が織り込まれている。中世の戦乱の時代、中国やインドなど東方の国との交流に大きな夢を膨らませた時代、そして造船所に働く市民一人ひとりの小さいけれども精いっぱいの夢、この街に初めて降り立った移民の人たちの驚きと不安など、この街のすりへった石畳には多くの人々の記憶がかすかだがしっかりと根づいている。

街の記憶——ヨーテボリ中央駅

街は生き物である。人々が生き、暮らしている街は決して聖域ではなく、刻一刻とその姿を変えていっている。ただ、そのような変化の中でも、変わることのない一群の建築物がある。昔からそこにある建物は、人々の記憶を呼び起こす。ヨータ川の桟橋に突き出た埠頭、荷物の陸揚げをするのに使った停泊場、ヨーテボリ中央駅の真ん中に位置する大時計、それらが造られたときのままその場所に残ることによって、人々はそこに刻み込まれた歴史を知ることができる。そして、街の記憶は、これらの建物とともに世代を越えて語り継がれていくことになる。

ヨーテボリの出現——西部への唯一の回廊

ヨーテボリは、一六二一年、貿易と航海のための拠点として、スウェーデン国王グスタフ二世アドルフ（Gustav II Adolf、一五九四～一六

三二、在位一六一一～一六三二）の手によって築かれた。その当時、スウェーデンの中心的な輸出は鉄と木材だった。ヴェネレン湖の周りで産出された木材はヨータ川に沿って運ばれ、ヨーテボリ港に集約されて輸出されていた。ヨータ川は、スウェーデン西部における唯一の海へ向けた回廊であり、海外に開かれた窓であった。なぜなら、**図1-2**（一六世紀の地図）からも分かる通り、西海岸は一七世紀の半ばまでスウェーデンが支配する地域ではなく、ヨータ川を挟んで南部はデンマークの領土であり（一六四五年まで。現在のハランド地方）、北部はノルウェーの領土であった（一六五八年まで。現在のボーフス地方）。陸には整備された道はなく、スムーズに鉄や木材などをヨーロッパ大陸の諸都市に輸出するのには水路が唯一の手段であった。

このような状況の中で、西部地方の守りを固め、貿易の振興を図ることはスウェーデンにとっての至上命題であった。だが、ヨーテボリにおける都市建設は簡単ではなかった。地盤がやわらかく、建物を建設することが難しかったのである。そこで国王グスタフ二世アドルフは、当時、海洋と商業において先進国であったオランダの助けを借りることとした。国土の多くが海面より低い位置にあるオランダでは、湿地に住宅を建てる技術や運河建設の技法にたけていた。

オランダは、税金免除や優良な不動産など、いくつかの特権を得ることを条件にまちづくりに取り掛かった。そして、その建設においては、スウェーデン人の農民や兵士をはじめとして、デンマーク、ドイツ、スコットランド、イングランドなどの労働者を使って土木工事が進められた。新しく造られたヨーテボリの街は、一四メートルの高さの城壁で囲まれ、銃で反撃がしやすいよ

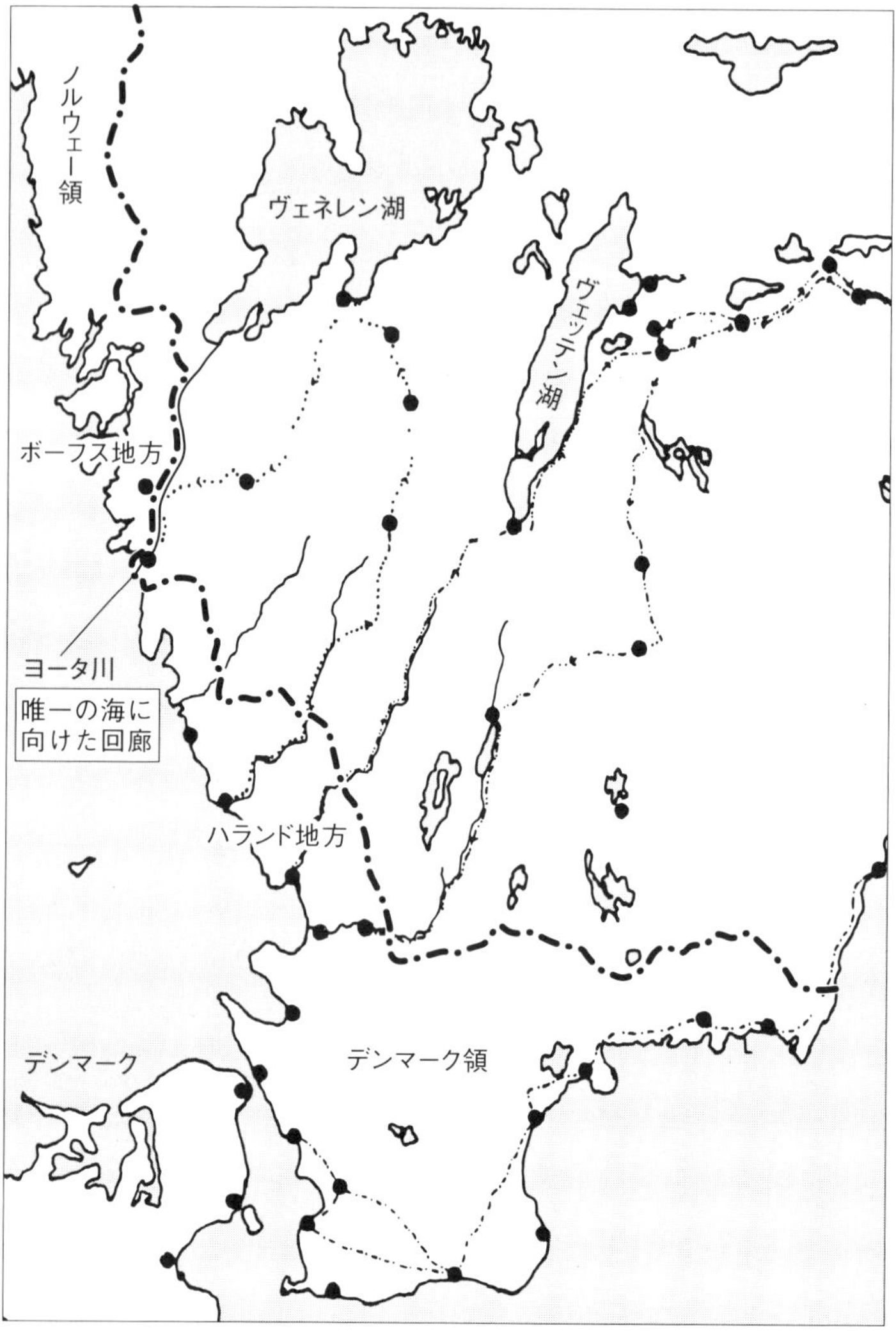

図1—2　16世紀半ばのヨーテボリ周辺図

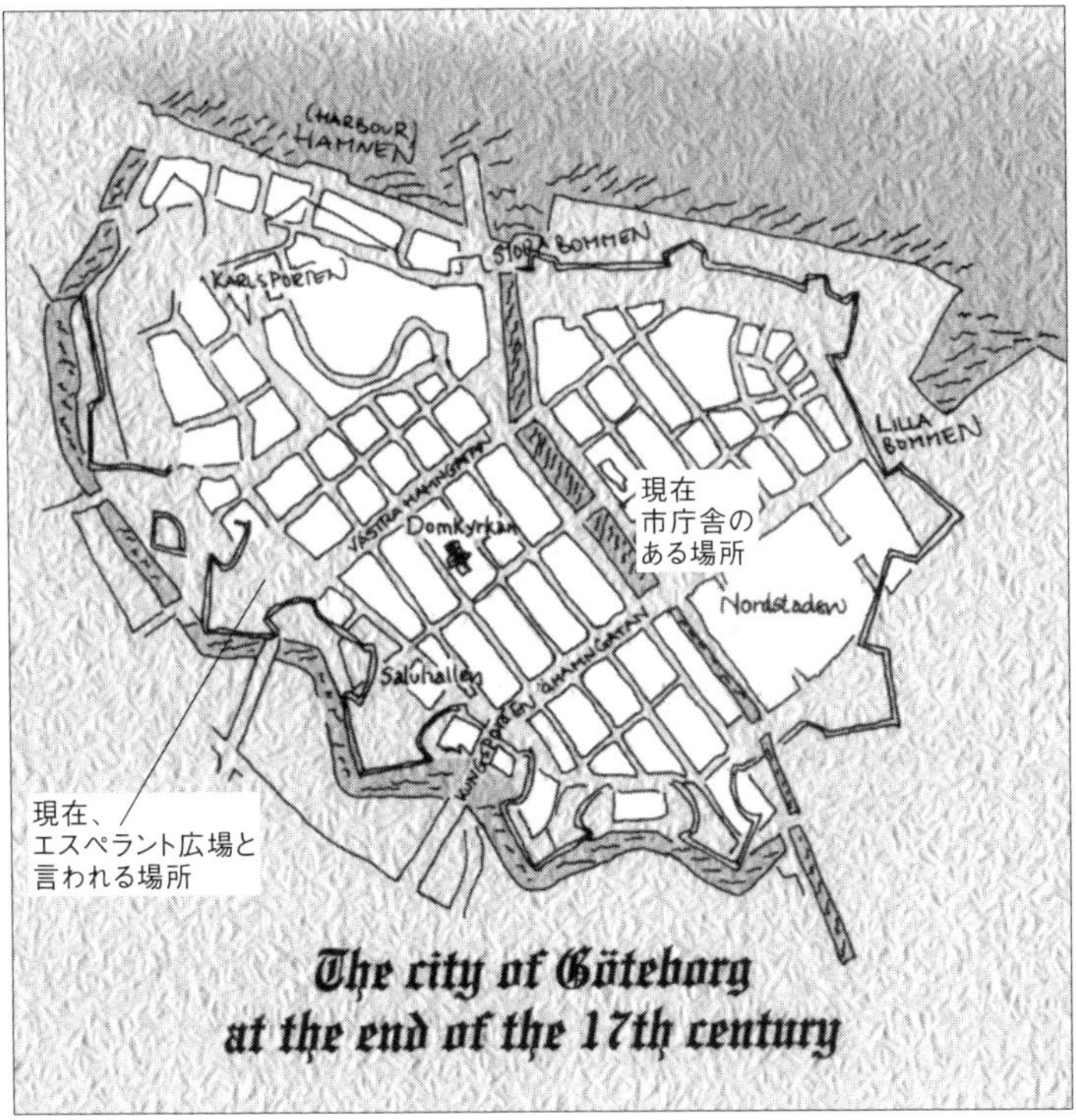

図1−3　17世紀末のヨーテボリ市街地図
(出典：WELCOME TO GÖTEBORG , JAPCO)

観光客に人気の「パッダン」。後方は「魚の教会」

うにジグザクの堀が周囲を囲んだ。これにより、ヨーテボリはヨーロッパ最強の砦の一つとなった。そして、都市建設が終わると同時に、ここの港は活発な航海と造船の拠点になっていった。

図1－3は、一七世紀終わりごろのヨーテボリの市街地図である。現在、城壁のほとんどは取り払われたが、堀の跡である水郷や運河はほぼ当時の姿をとどめている。現在、「魚の教会」という名前で知られる魚市場近くのエスペラント広場に行くと、当時の遺構が観察できる。また、「パッダン」と呼ばれる観光船が運河に沿って毎日運航しており、この地を訪れる人々の観光スポットともなっている。市民は、この地図にある旧市街地をいまだに「城壁内」と呼んでいる。

東方からの風──中国、インドとの交易

一八世紀に、スウェーデン最初の貿易会社であるスウェーデン東インド会社の「オストインディスカ（Svenska Ostindiska Kompaniet）」がヨーテボリに創設された。この会社は、一八一四年までスウェーデン国内における中国、インドとの貿易を独占していたこともあり、多くの人々がヨーテボリに集まってきた。他国の船も入港するようになり、この街はこれまでの軍事都市から商業都市へと様相を変えていくことになる。

時計の針を一八世紀に遡らせてみよう。

太陽がギラギラと照りつけている。男たちは、ピンと張ったロープをブンブンと言わせながら手繰り寄せる。東インド会社の前にあるヨーテボリ運河にたくさんのボートが集まっている。どのボートにもたくさんの荷物が積まれ、クレーンで引き揚げられる順番を待っている。命令と怒声があちこちで響く。汗まみれの男たちが極限まで筋肉を精いっぱい働かせ、荷物を東インド会社の倉庫へと運ぶ。

東方からの風がヨーテボリの街を吹き抜けていく。東インド会社の倉庫には、不思議な芳香が充満している。紅茶の香り、シナモンの匂い、東方からもたらされたさまざまな物産品が所狭しと並んでいる。

「オリエント」というエキゾチックな言葉の響きは、常にヨーロッパ人のあこがれや夢をかき立

てきた。スウェーデン東インド会社の創設にあたっては、富や力への熱望とともに海運国家の建設、愛国心などが複雑にからみあっていた。多くの反対意見もあったが、ヨーテボリの経済界を代表したたくさんの特権階級の後押しもあって、国の圧倒的な支援をとりつけ、一七三一年に東インド会社は創設された。この会社は、国家から東方貿易に関する独占的な特権を付与されたが、輸入した物品の販売はすべてヨーテボリにて行うものとされた。そのため、ヨーテボリから出航してヨーテボリに戻ることが義務づけられた。

船にはスウェーデン商船の旗を掲げることや、税関の査察なしにスウェーデン各地の港に立ち寄ることが許された。ただし、同会社の理事はスウェーデン生まれのプロテスタントであること、また国家に対する忠誠を誓うことが条件となっていた。これに比べて、船の乗組員になるのにはサインをするだけでよく、それ以外の難しい条件はこれといってなかった。とはいえ、航海に多くの危険が待ち構えており、仕事もつらく、赤痢やそのほかの伝染病に乗組員は苦しめられることになる。

東方への航海は、東インド会社が創設された一七三一年に始まり、一八〇六年までの七五年間に一三二隻の船が鉄と木材を積んで中国やインドに向けて出航し、東方の物産を携えてヨーテボリに戻ってきた。主要輸入商品である紅茶は物産品の中でも大きな位置を占めていたが、その取り扱いには大変な苦労があった。ちなみに紅茶の場合は、常に銅で巻かれた箱の中に大切に収められ、湿気に当たらないように最大限の注意が払われていた。

ところで、当時の上流階級の人々は自分専用のスパニッシュパイプを持ち、東インド会社の船が着くたびにもたらされる不思議な香りのする東洋のスパイスを、そのパイプで吸うことを競いあったり自慢しあっていたようだ。それほど、当時の人々にとっては東洋はミステリアスであり、憧れとなっていた。

長きにわたった東方との交易だったが、競争相手も多く出現し、利益の上がり方が悪くなったということで、一八一三年に東インド会社は解散となった。現在、市役所の隣にある「ヨーテボリ美術館」（当時の東インド会社の本社）を覗いてみると、往事の雰囲気の一端が垣間見られる。陶器や漆器、絹織物、各種のスパイスなどが美術館の陳列ケースに飾られ、アジアとの交易において莫大な利益がこの街にもたらされていたであろうことがよく分かる。

また、現在ヨーテボリ市内には、医学で有名なサルグレンスカ大学病院、産業界をリードするシャルマー工科大学などがあるが、これらは、東インド会社を支えてきた有力商人たちの寄付によって造られたものである。このほかにも、公園、美術館、オペラ劇場など、ヨーテボリに現存する多くの施設のほとんどが当時の有力商人たちの手によるものである。

造船所の幕開け――労働組合の設立

一九世紀になると、工業化がヨータ川の岸辺で始まった。機械工業の進展は、ヨーテボリに造

19世紀初頭のノラエルブストランデン。まだ、造船所はない

船業の勃興を促した。当初、新たな港はノラエルブストランデンとは反対側、川の左岸にあたる街の中心部近くに造られた。しかし、左岸の土地は狭く、大きな造船用ドックを造るには不十分な地形であった。そこで、一八四三年に川の右岸、すなわちこの物語の舞台であるノラエルブストランデンを港湾地区とし造船所を造る計画が持ち上がった。そして、一八五一年には、杭打ち機械や掘削機械がアシで茂ったヨータ川沿いの土手の中に初めて入り、リンドホルメン（Lindholmen）地区からルンドビィストランド（Lundby Strand）地区（第2章で詳述）に至る運河や道路を築いていった。川の中から引き揚げられた汚泥は土手に積み重ねられ、川に沿って平らな土地が整備されていた。

新しくできたこれらの土地は、たくさんの企業を引きつけることとなった。葦原に道が造られたことで交易が始まり、材木会社や小さな船を造る工場が次々と生まれていった。やがてそれらは、多数の造船所へと発展していく。

一九世紀の半ば、技術的な進歩によって蒸気船など大型の船舶を造ることが可能となり、ヨーテボリ市内のそれぞれの船会社は新たな設備投資を行った。また、大型船舶の運航に対応すべく機械による浚渫《しゅんせつ》が行われて、運河や港の水深はさらに深くなっていった。そしてその後、ノラエルブストランデンのルンドビィストランド地区では「ヨータヴェルケン（Götaverken）」と呼ばれる巨大な造船会社が生まれた。そのほかにも、「リンドホルメン地区造船所」やエリクスベリ地区の「メカニスカ・バークスタッド造船所」など、スウェーデンを代表する巨大な造船所が造られた。このときに形づくられた造船所と港湾は、一〇〇年以上にもわたってヨーテボリの産業をリードしていくことになる。

また、現在のノラエルブストランデンにあたるヨータエルブ橋からフェリエネース地区（farjenas）に至る広い地域において新たな港が造られていった。たとえば、現在、港沿いに開かれた庭園地区として名高いサンネゴーデン地区（Sannegården、六一ページ参照）はこの時期に整備された港の第一号であり、一九五〇年ごろまで石炭の積み出し港として繁栄した。そして、二〇世紀初頭、ノラエルブストランデンはスカンジナビアのもっとも重要な港となった。

当時の、造船所の労働組合の状況を覗いてみよう。一九世紀の末から二〇世紀の初めにかけて、自然発生的にではあるが、リンドホルメンの造船所の労働者たちは自発的な討論の場をつくり上げていった。それは、民主化を求める運動や労働運動の一環ともいえるものであった。その初めての会合が一九〇〇年の一月三一日に開催され、毎週水曜日の夜に定期的な会議を行うことが決められた。ほんの二時間ほどの会議だが、さまざまな問題がその場で議論された。この会議は「たいまつ（The Facklan）」と名づけられ、一九一一年の三月まで続いた。

この会議は、当初から参加できる人数は三〇人とかぎられていた。のちに、この人数は最大時で五〇人までに増加したが、メンバー以外の者の出席は固く禁じられ、理由もなく欠席しないことも組織のルールとして確認されていた。どのように代表者が選任され、またどのようにほかの者を代表したかはいまだに解明されていない。当時使われたブックレットを見ると、政治への参加や学校教育などが討議の内容であったことがわかる。

この「たいまつ」と呼ばれた造船労働者たちの会議は、それが成立してから一年八ヶ月後に「金属労働組合」の最初の支部となった。労働者の一人であったジョン・ヨハンソンは、一九〇一年一〇月九日の「たいまつ」の会合において労働組合を立ち上げることを宣言した。彼は、「たいまつ」のもっとも強力なメンバーであった。そして、九日後の一九〇一年一〇月一八日、「リンドホルメン労働組合」が造船とボイラー製造に関する労働者を中心に設立された。組合の会合では、初めに小さな冊子を読み、それを基にして議論を続けることが多かったようだ。会合のときにもっとも真剣な議論となったのは、スウェーデンらしく普通選挙権の是非についてであった。一九世紀の末から民主化を求める動きは激しく、あちこちでさまざまな運動が展開されていた。ヨーテボリにおける「たいまつ」に代表される自主的な活動や労働組合の立ち上げも、そういった運動の一環であった。

ある日、労働組合の議長は、「普通選挙権は労働者にとってあまり役に立たない」と発言した。この意見に対してジョン・ヨハンソンなどのたくさんの労働者が立ち上がり、不満である旨を述べている。

「議長の発言は正確なものではない。私たちの獲得しなければならない権利として選挙権の意味は大きい。私たちこそが社会の主人公となるためには、選挙を通じて国会に代表を送り込む必要がある。そのためにも、『投票の権利と労働運動』という小冊子を使って学習するべきだ」

その提案は認められた。しかし、議長は続けて「普通選挙権の獲得が最良の道なのかどうか」と反対意見を述べている。この問題については、さらにたくさんの労働者が発言する。最終的に議長は自分の意見を撤回して「普通選挙権が必要である」と述べたが、この日の会議では結論に達しなかったようだ。とりあえず、その議題は次回の会議に回されたと記録には残っている。

ジョン・ヨハンソンは、その後、リンドホルメンの労働組合の中心的な人物となったが、経営陣からもたくさんの信頼が彼には寄せられていた。ある経営者は、次のように彼の印象を語っている。

「ヨハンソンは、非常に感受性に富んだ奴だった。直接、彼とはいろんな議論をした。個人的にだが、私は労働組合の意義を十分に理解してきたつもりだ。それがゆえに、労働作業から生まれるさまざまな問題を提起してもらうことが必要だと思っていた。あるとき、彼は私に『マルクス経済学』の本を手渡した。だが、非常に長い文章だったので途中で飽き飽きして、読みこなすことができなかった。つまり、その本は私に何の影響も与えなかった。だが逆に、彼は私との会話からたくさんの影響を受けたに違いない。彼はその後、造船会社の要職に就くこととなった」

スウェーデン各地の労働組合において、当時、このような議論が闘わされていたに違いない。なぜなら、この後、男子の普通選挙権が一九一一年に導入され、一九三二年には労働組合の強力な支持を受けた「社会民主党」が政権の座に就き、以来、労働組合（Lands Organisation: LO、スウェーデン労働組合[2]）との連携のもとに福祉社会の建設が行われていったからである。

工業化の中で――小さな希望、新しい家をもつ！

工業化により、ヨーテボリはますます発展していった。二〇世紀の中ごろまで、ヨーテボリは造船と港の活動でよく知られた街であった。多くの市民は、シュウシュウとい

20世紀初頭、ヨーダヴュルケン造船所の雄姿

う造船所の稼動する機械のうなり声や、鋲を止めるハンマーの響き、パチパチいう溶接の音をしっかりといまも記憶に残している。それらは単に、ノラエルブストランデンに巨大な造船所が存在するというのではなく、造船所を中心にしたさまざまな企業群の集積であり、船にかかわる鉄板や窓枠、小さなパーツの一つ一つに至るまでを確実につくり上げる世界規模での産業集積地であった。

一九四〇年代、工業化が進む中で労働者はどんな生活をしていたのだろうか。そして、どんな希望を抱いていたのだろうか。『アコードリィブ（Ackordliv）』（Skrivargruppen、一九九〇年）という本の中で、著者であるルーネ・ショス

（2）　スウェーデンの福祉を基礎づける大きなものの一つが、強力な労働団体の存在である。安定した労使関係は、社会民主党の長期政権のもとにおいて、福祉国家の基盤を形造るとともに、スウェーデンの経済成長の原動力となった。LOは、最大のナショナルセンターであり、二二〇万人の組合員を擁し、二一の全国組合が加盟している。

トランド（Rune Sjöstrand）はこの時代におけるヨータヴェルケン造船所の労働者の生活を次のように描いている。

もう、夜の一一時を回わっている。通常なら、夫アランと妻ブリッタがベッドに就く時間である。アランにとってヨータヴェルケン造船所の労働者としての日々は同じことの繰り返しだったが、最近は少し違ってきた。なぜなら彼は、ヨーテボリ市の住宅局から受け取った手紙についてあれこれと考えるようになったからである。それは、造船所の裏手にあるビスコプスゴーデン地区に新しく建てられた市営住宅に入居できるという連絡である。その住居は、部屋が三つもあり台所までついている。これまで、アランと妻ブリッタは何度も何度も手紙を出し、いまの古びたワンルームのアパートからもっと良い住宅に移れるよう、住宅局からの連絡を何年も待ち続けてきた。

だが、いざ新しい住宅に移れるとなると、頭の中を駆け巡るのは経済的な負担のことである。アランは、船の隔壁につくられた足場に腰を下ろし、ほかの労働者と一緒に溶接作業を続けながら毎日考えている。そして、休憩時間になると、アランは白いチョークを取り出して溶接を終えたばかりの鉄の板に走り書きをする。彼自身の収入と、新たな住宅に必要とされる家賃や融資額、返済額などの比較である。足場を通り過ぎるほかの労働者たちは、アランの仕草を見ると立ち止まって声をかける。

「地獄で、何を計算しているんだ？」

　アランは、ほかの労働者をつかまえ手当たり次第に尋ねた。ほかの労働者がどんなふうに生活の優先順位を決めているのか、家賃、食事、衣服、暮らしの何に重点を置いているのかなどを知るためである。

　当時のスウェーデンにおいて、いまだ住宅手当や住宅補助の制度は完璧なものとはなっていなかった。したがって、アランは基本的に自分の収入だけですべてを賄わなければならなかった。


　いま、部屋の中では一一歳と九歳の子どもが寝息をたてている。妻であるブリッタのお腹には三人目の子どもが宿っている。その夜、アランとブリッタは、新しい家に移ることについてその損得について何度も議論を繰り返した。

「子どもたちのために、どうしても新しい家が必要なの」

　ブリッタは、現在のワンルームの不便さを述べ、「家族同士の安穏が保てない、もう限界だ」とアランに迫る。

　二人は仲のいい夫婦だが、住宅のことになるとどうしてもケンカになってしまう。ブリッタは、「共同使用ではない、自分たちだけのバスルームがどうしても欲しい」と言う。住宅局の提示する新しい家には、それだけでなく、洗濯場やダストシュート、冷蔵庫までついている。ブリッタの意見に同意しながら、アランは船の鉄の板に書いた計算結果を思い浮かべた。そして、これからの家計の状況をあれやこれやと考え、どうしたらいいんだろうと思考は堂々めぐりをする。

屋内のトイレ！　バスルーム！　どんな天候のもとでも妨げられることはなく、ほかの住人の合間をぬって駆け込む必要のない素晴らしいトイレ……アランが長い間思い描いてきた夢の実現である。彼は、妻と話を続けた。

「もういい、地獄から出よう。血管まで凍るような冷たい床、湿った共同の洗濯場、裏庭の共同便所、悪臭を放つゴミ置場。もうたくさんだ、もういい。ブリッタ、決めたぞ！　決めた！　新しい家に……」

スウェーデンで一連の住宅施策がようやく実現したのは、一九四五年の建築基準法の施行からである。その際に、公衆衛生の基準と住宅建設融資基準がこの法律に書き込まれた。その後、一九四八年、多子家庭への融資制度の充実や住宅補助など、福祉社会の基本となる住宅政策が形づくられていく。

移民と難民の風――ヨーテボリの印象

ヨーテボリは、たくさんの移民と難民が暮らす街である。一九六〇年代の高度経済成長期には、労働移民として、さまざまな国籍をもつ人がこの地に移ってきて生活を始めた。造船所でも、多数の移民が労働者として働いていた。

高度経済成長により工場労働者などの数が不足していることから、スウェーデンは労働移民の規制を行ってこなかった。しかし、このような黄金時代はいつまでも続かなかった。海上輸送にとって、一九七〇年代は決定的な変革の時代となった。かつて積荷を運んでいた小ぶりの船は、巨大なコンテナ船に取って代わられた。石油は巨大タンカーが運ぶものとなり、飛行機やトラックが船による輸送との競争を始めた。海上輸送の大きな転換、そしてほかの輸送機関との競争はここヨーテボリの港にも深刻な危機をもたらし、移民労働者の就業の場は減少していった。

一九七六年に労働移民に関する新たな法律ができ、スウェーデンに入国する際に厳密な資格審査が行われることになった。この時点でこれまでの労働移民政策は変更になったが、戦争や災禍などから命からがらのがれてきた難民および亡命者には広く門戸が開かれたままであった。

一九九〇年代にボスニア・ヘルツェゴビナからヨーテボリに着いたニィツァマ・コーセビック氏（Ms. Nizama Causevic）は、ヨーテボリ市が編纂した『忘れえぬ時（Project Beskrivning）』（二〇〇〇年）という冊子の中で、この街の印象を次のように語っている。

ヨーテボリ中央駅に私たち四人が降り立ったとき、氷のような冷たい風が私のほほを打った。空はどんよりと曇り、太陽は薄ぼんやりとしか見えなかった。私は寒さで思わずコートをきつくすぼめ、少し震えながら駅の周りを一瞥した。私たちを迎えに来るはずの人物がそこにはいるはずだったからだ。体の中から寂しさがこみ上げてきた。私たち四人の誰もが腹を立て、混乱し、そして恐れを抱いていた。

「こんにちは！　ようこそスウェーデンに！」

ある若い男が英語で話かけてきた。彼は手を伸ばし、私たちを迎えた。

「私はアーメドと言います。あなた方を『ホテル・クローネ』にお連れするように言われています」

彼は、背が高くほっそりしている。黒くちぢれた髪の毛が、細くてまっ黒な顔を覆っている。そして、彼の瞳も石炭のように黒い。

アーメドと私の息子のエネが車に荷物を積み込む。アーメドはハンドルを握り、私たちを振り返ると静かに笑った。真っ黒な顔と反対に、彼の歯は真珠のように白い。

「あなたの三人の子どもですか？」

エネが、アーメドの英語をボスニア語に翻訳してくれた。

「二人の子ども、娘のジャスミーナと息子のエナです。そして、養子のアドミィル」

「ボスニアから？」

「そうです」と、娘が答えた。

「私は、あなた方が話しているのを聞いて分かったんです。僕も、ボスニアのいくつかの言葉を知りました。毎日、ボスニア人に会っているからね。ホテルはボスニア難民でいっぱいなんだ」

車は交差点の信号で止まった。見ると、大きな雪の塊が大地からの熱で溶けて水となって流れている。窓ガラスに顔を押し付けながら、こみ上げるものを感じる。車の下に流れている溶けた水は、私の眼からこぼれ落ちる涙のようだ。

「冬の寒さに慣れるのは難しい？」

娘のジャスミーナがアーメドに尋ねる。私と同じように、娘もいままでとはまったく違う気候にうんざりしているようだ。

「人はすぐに慣れるものさ。僕もスウェーデンに夏に着いて、まだ一年を過ぎたところなんだ。スウェーデンで、生まれて初めて雪を見たんだ。冬はすぐに行っちゃうよ」

彼は、こう答えた。私たちは、お互いにそれ以上の詮索をやめた。どうやら、ホテルは近いようだ。

それから数年がたった。

「あなたの名前は何ていうの。おちびチャン」

ウェイターはコーヒーとジュースを運びながら、私の孫（ジャスミーナの子）に尋ねた。

「セルマーです」

「いい名前だね」、彼はそう言って静かに微笑んだ。

「ボスニアではよくある一般的な名前ですよ」と、私が答える。

「あなたは、いくつ?」

ウェイターは話を続ける。セルマーは答える代わりに四本の指を見せた。

「あなた方はボスニアから来たのですか。恐ろしい戦争がありましたからね」

ウェイターは、私たちと会話しようと何度も現れた。なぜなら、私たち以外にお客は誰もいなかったから。

「私は、私の息子たちと以前このホテルに住んでいたんです。当時、ここは『ホテル・クローネ』と言っていた。五年前、私たちはここを出てよその場所に移りました。その後、このホテルは別の人の手にわたったようです」

「三年前に、夫はボスニアから私たち家族のもとにやって来ました。ここ、ヨーテボリにやっとのことでたどり着いたんです。今日は、その三周年を祝う記念日なんです。その記念すべき場所として、私たちはこのホテルの、このレストランを選びました。ここでコーヒーを飲もうと、私たちは考えました。だって、そのくらいが私たちにとってはふさわしいんですもの」

ウェイターはもっと話を聞きたがったようだ。だが、私はもうたくさんと思って説明をやめた……風が強い。

2—過去、現在、未来

一九七四年の世界的な石油危機の広がりは、造船業の終焉の始まりでもあった。オイルショックは、これまでの造船業のあり方を一八〇度変えた。一度に多くの石油を運べるようにタンカーは巨大化され、アジア諸国との競争も激しく、かつて世界をリードしてきたスウェーデンの造船業は軒並み消えていった。世界の造船業が一九八〇年代に再び隆盛を取り戻したとき、スウェーデンの造船業は立ち上がる力をもう失っていた。ヨーテボリ市の中心部、広大な空洞化した地域がノラエルブストランデンに残された。つまり、二五〇ヘクタールの土地がヨーテボリ市の真ん中に見捨てられたまま残ったのだ。フェンス、門、鉄くずの山、たくさんの巨大ながっしりとしたビルディングは、もはや誰にも顧みられることなくその歴史に幕を下ろした。

同じころ、港の活動は、より水深が深く、より多くの物資を貯えることのできる場所を求めて河口付近に移っていった。一九八〇年代の中ごろ、ヨーテボリの中心部にほとんど造船業はなくなっていた。ノラエルブストランデンにはたった一社のみ、修理を中心とする会社が残ったにすぎなかった。それだけでなく、造船所が閉鎖された一九七五年以降、この地域にあった伝統的な建物は次々と壊されていった。

そんな、うちひしがれたノラエルブストランデンにあって新たな考えが浮かんできた。ここにある歴史的な建物群は、きわだった特徴を有してヨータ川にその姿を映している。もし、ここをウォーターフロント地区として再認識し、歴史的な建物群を新たな資源として使うという方向性が明確となれば多くの投資が生まれ、たくさんの人々が行き交う場所になるのではないかという考えが……。

「ノラエルブストランデン開発株式会社（Norra Älvstranden Utveckling AB）」は、残されている土地や建物についてさまざまな側面からその可能性の調査を行った。同様に、ヨーテボリ市の各担当部局も慎重に議論を進めていった。その後、企業と市が協働でつくり上げたビジョンは、すべての居住者にウォーターフロント地区の素晴らしさを実感させようとするものであった。それは、経済的、物理的、社会文化的価値の継承と発展を含んでいた。

ヨータ川の特色を生かして街を再生すること、この地域を変容させるための方向性と手段をまとめ上げること、それはヨーテボリ市全体を人間生活の場として親しみある都市《フレンドリーシティ》に変貌させることであった。そのための契機となるようノラエルブストランデンに知識集約型産業を多数配置し、都市の再生を図ろうとするものであった。それは、多様で豊かな生活の実現を求めるものである。市の計画担当者、不動産会社、有名な建築家がそれぞれ協力しあって、その内容はさらに質の高いものとなり、都市マスタープラン（第二期計画：一三六ページ参照）として結実した。

この計画は一九八九年から実行に移され、地域は少しずつ変容を見せていった。その後さらに明確な意図をもった都市マスタープラン（第三期計画：一四九ページ参照）がまとめられ、二〇〇〇年から実行に移されて現在に至っている。

二〇〇三年、この地域の一番の課題であった交通網の整備が急ピッチで進められている。高速道路の建設や都市内幹線道路の整備、新型バスの運行と水上シャトルバス（エルブスナッバレン）の就航、新たな路面電車（ＬＲＴ）の充実など、交通輸送手段に対する巨大な投資が行われた。ノラエルブストランデンの中心部であるリンドホルメン地区に目を転じれば、ボルボ（Volvo）やエリクソン（Ericsson）などの新たな研究機関の設置、産学連携によるＩＴ大学の開校など、地域再開発の槌音は高く響いている。

造船所が閉鎖され、港の機能が遠く河口付近に動いたのちにノラエルブストランデンで大きな変容が始まった。その変容とは何か、何がそれをもたらし、どのような対応が行われたのか。多くの人々の生活や思いを刻み込んできたヨータ川、そこに暮らした人々の記憶の中にある懐かしさやささやかな夢を紡ぎながら、未来に向けての新たな動きがいま始まっている。そして、これらの内容を著すことが本書の主題である。

第2章

歴史と文化、産業遺産の探訪

～七つの地区を歩く

この地域の良さを知ってもらうために、ノラエルブストランデンを構成する七つの地区をご案内する。西から東へと、歴史や文化、産業遺産の探訪を始める前に少しだけ説明を加えておこう。

季節は五月、冬の厳しい寒さの中で閉ざされていた街は急ににぎやかとなった。降り注ぐ光の中で、人々の会話も活発だ。店番をまかされた若者たちもヨータ川沿いのプロムナードに椅子を出し、日の光を体中に浴びている。川面をわたる風はさわやかだ。まさに、「美しき五月」である。

文化、そしてこの地域に刻み付けられた人々の記憶がノラエルブストランデンには満ちあふれている。保護された古い建物、新たに造られた建物群、そして川に沿ったプロムナードに多くの産業遺産や芸術作品が残されている。

文化と芸術は、この地域が発展するうえでの大きな鍵となっている。いまも、ヨーテボリ市とノラエルブストランデン開発株式会社はたくさんの投資を行い、芸術家とともにより良いまちづくりのために精力的に働いている。これから始まる旅の途中で目にする通り、ノラエルブストランデンの至る所に彫刻と芸術があふれている。

ここは、**図2－1**にある通り、七つの地区から成り立っている。

第一は、街はずれにあるフェリエネース（Färjenäs）地区である。一七世紀、ノルウェーやデンマークとの戦争が絶えなかった時代に、ここは重要な戦略拠点でありヨーテボリの最初の市街地でもあった。デンマークとの戦争で廃墟となり、その後長い間にわたって忘れられてきた地域である。

第二は、エリクスベリ（Eriksberg）地区で、造船所時代の建物が見事に修復され、さまざまな用途に転換されている地域である。「修復型まちづくり」の典型として、ブローハレン（四七ページ）やエリクスベリハレン（四九ページ）などを含むかつての工場群とその周辺は一見の価

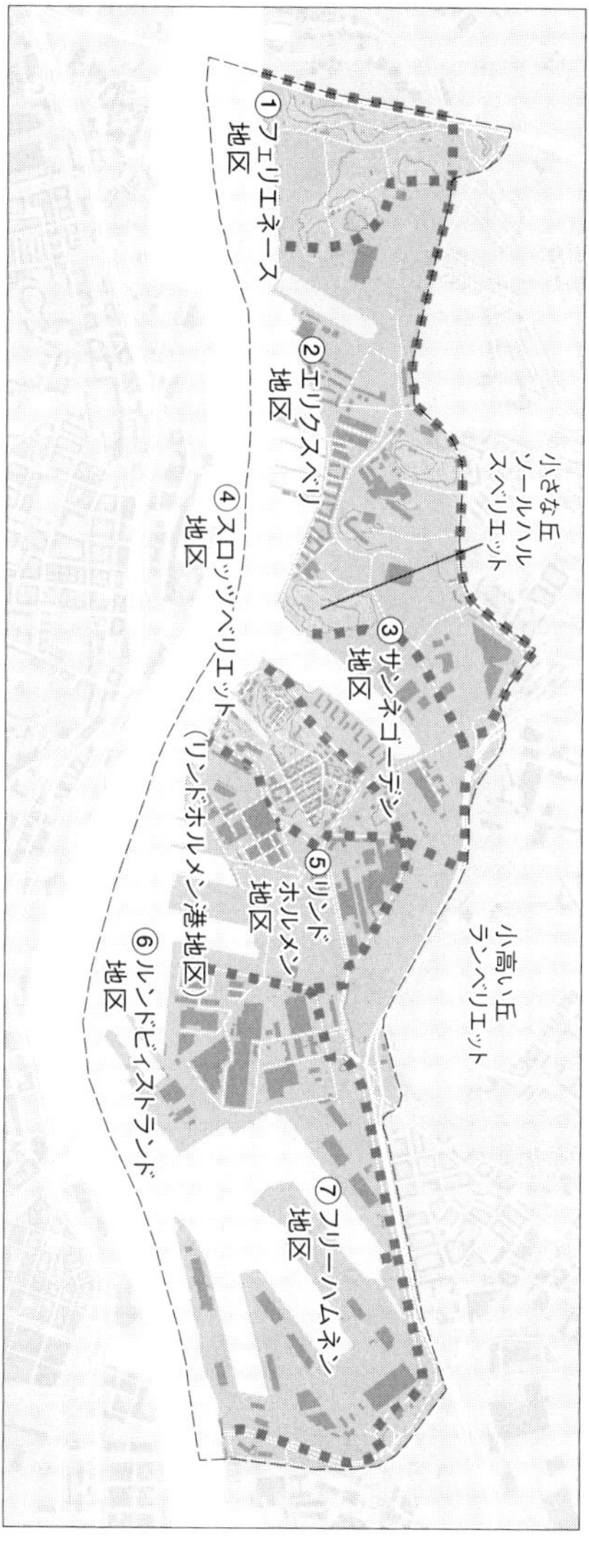

図2−1　ノラエルブストランデン（七つの地図）
（出典：Norra Älvstranden The Guide）

値がある。ここに立ち並ぶ住宅群、ベンチャー企業の集積などともに、住み、働き、憩う、複合的なフレンドリーな都市が造られている。また、それだけでなく、多くの彫刻も私たちの訪れを待っている。

第三はサンネゴーデン（Sannegården）地区で、かつて「砂の農場」と呼ばれた肥沃な大地である。ここでは、これまでに何度も開発計画が持ち上がったが実現することはなかった。いま、ようやく「庭園都市」というコンセプトのもとに低層の建物群の建設が進んでいる（第4章で、この地域を規定する「地区詳細計画」の内容を整理した）。

第四はスロッツベリエット（Slottsberget）地区で、「山のお城」と呼ばれた地域である。かつて造船労働者の住宅が多数あった。狭小で過密だったこれら住宅群の更新が行われ、現在は豊か

エリクスベリ地区の彫刻

な住宅街に生まれ変わっている。

第五はリンドホルメン（Lindholmen）地区であり、サイエンスパークとしての機能集約が行われている地域である。二〇〇〇年、ここにＩＴ大学が開校した。これは、産学連携の拠点としてシャルマー工科大学とヨーテボリ大学が、ヨーテボリ市と企業の支援を受けて設立したものである。また、二〇〇二年には、エリクソンなどを中心としたＩＴセンターも竣工した。ノラエルブストランデンの心臓部分として、さらなる展開が始まっている。

第六はルンドビィストランド（Ludbystrand）地区で、もっとも造船所時代の雰囲気を残している場所である。いまだに修理専門の造船所が操業を続けており、往事の雰囲気を想像することができる。黒っぽい大きな建物群は当時の工場そのものであり、その多くが、現在はさまざまな企業のオフィスとして改造されて再利用されている。

第七はフリーハムネン（Frihamnen）地区で、港の活動が継続している地域である。最近の話題は、イングランド行きの旅客船用ターミナルが完成したことである。

さて、おおよその位置が確認できたところで西から東へと、各地域の歴史や文化、産業遺産の探訪の旅に出発しよう。きっと、スウェーデンの光と風が私たちを温かく迎えてくれるであろう。

1　フェリエネース地区（Färjenas）

ノラエルブストランデンの西はずれ、ここはエルブスボリ橋を間近に望む静かな場所である。どうやら、ヨーテボリ市民も普段からほとんど訪れない所のようだ。エルブスボリ橋を車で渡り、イーヴァシュベリのインターチェンジ（Ivarsbergmotet、第4章二〇五ページの地図参照）で右折する。「カール一一世の道」[1]から砂利道に入り、トラックやコンテナー輸送を専門とする企業であるATコンティナー株式会社（AT-container AB）などが立地している貨物置場の奥を進む。「教会跡」という標識が見つかった。先ほどまでの喧騒が嘘のようだ。木漏れ日の中で、たくさんの鳥がさえずっている。少し急な小道をたどると小高い丘に着く。ほんの少し、心臓の鼓動が強い。

しだれかかる木の枝やまつわりつく草を払って小道を進むと、一七世紀に破壊された教会の廃墟に出くわした。ここに置かれた石碑は次のように物語る。

「フェリエネース地区はヨータ川の要衝であり、戦略拠点としてスウェーデン国王カール一一世が小さな砦をここに築いた。だが、デンマークの軍隊が侵入してあたり一帯は焼き尽くされ、小高い丘の上には教会の廃墟のみが残された」

教会の跡地

廃墟跡からエルブスボリ橋の反対側に、いまは使われていないエリクスベリの巨大なクレーンが見える。目の前を、真っ白な客船やタグボート、そして市民が所有するモーターボートがひっきりなしに行き来している。ここは、今日のヨーテボリの動きを眺めるのにはもっともふさわしい場所である。

現在、ヨーテボリ市の都市マスタープランでは、このあたりは駐車場やレクリエーション場としての位置づけがなされている。森を生かしたキャンプ場やミニゴルフ場なども周辺には造られている。

(1)（在位一六六〇～一六九七）在位中に財源の立て直しと政府の改革を行った。五〇〇スウェーデンクローネ紙幣に肖像画が描かれている。かつて、カール一一世の軍隊が砦を山の上に造るためにこの道を通ったことからこう呼ばれている。

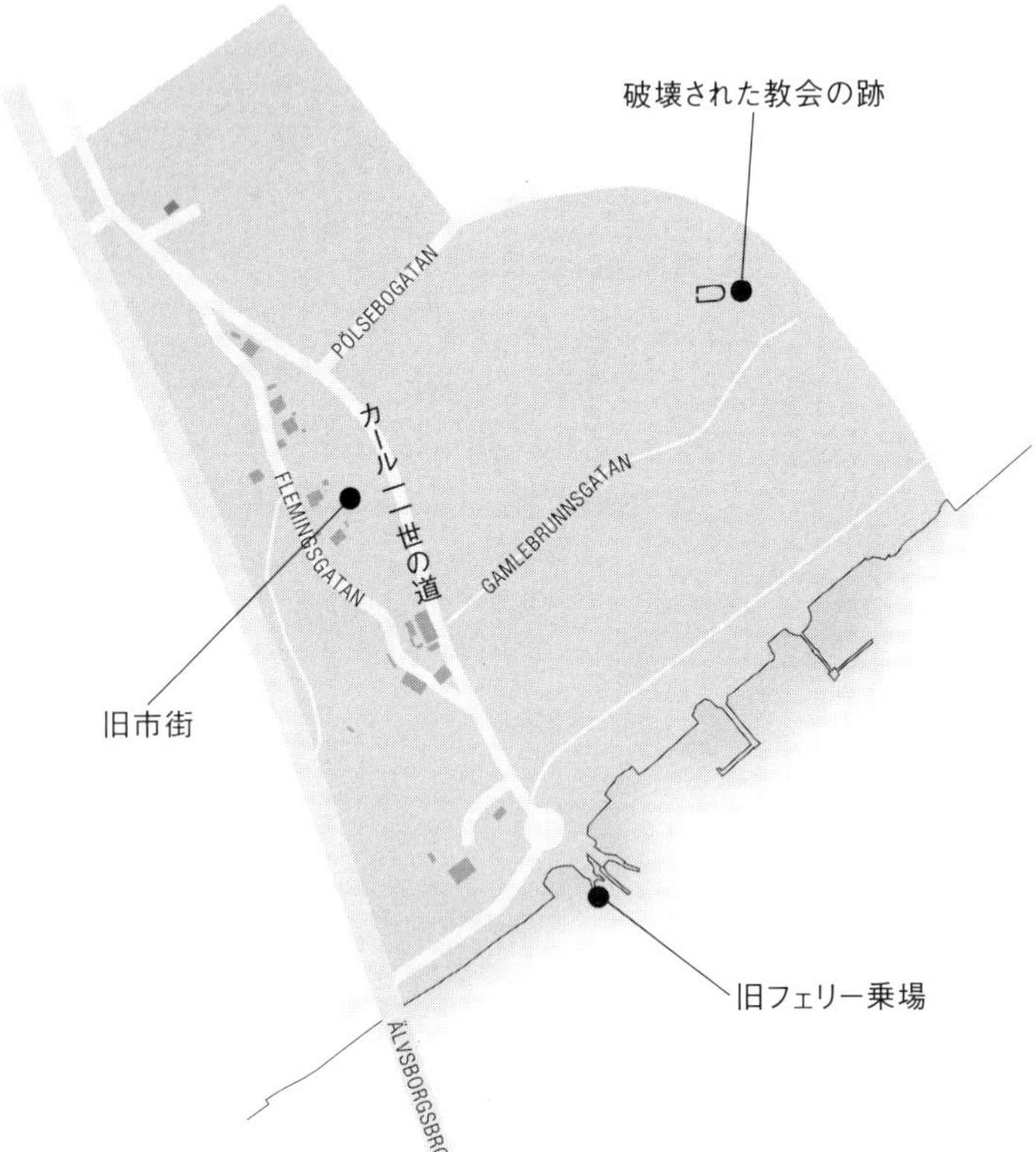

図2－2　フェリエネース地区全体図
（出典：Norra Älvstranden The Guide）

ヨーテボリ砦──戦略拠点として

この地域は、とても興味深い物語を現代の我々に提示している。ここは、ヨーテボリがいかに戦略的に重要であったかを理解するうえにおいてもっとも適した場所である。まず最初に、この地域の歴史をたどってみよう。

かつてノラエルブストランデンの多くは、アシやヨシがたくさん生えた湿地帯であった。ヨータ川周辺地域はノルウェーとデンマークに長い間支配されてきており、スウェーデン人はヨータ川の河口に近づくことはできなかった。一六〇三年、スウェーデン国王カール一一世は、リンドホルメン地区の裏手にある現在のスロッツベリエット地区を戦略拠点として防備を固め（ゆえに「山のお城」と呼ばれる）、さらにここフェリエネース地区にヨーテボリ砦を建設することにした。

ここは小高い丘であるため、ヨータ川を往来する船を監視することができた。とはいえ、最終的な目的は、木や鉄などの大切な物資を輸送するための船着場をこの地に建設することであった。資材が運び込まれ、小さな砦の周りには人々も住み始めて教会も建設されたが、一六一一年、ここはデンマーク人の手によって焼き尽くされてしまった。砦の周りに町としてのまとまりが見え、建設が始まって四年目という、これから大きく成長していこうとする矢先のことであった。

隆盛と衰退

フェリエネース地区は市の中心部からは大きくはずれているが、先にも述べたように、かつては川の両岸を行き来するうえにおいて活発な接合点であった。砦が焼き討ちされた後も激しい戦闘は何年も続き、最終的にスウェーデンはノルウェーとデンマークをヨータ川の河口付近から追い払った。

一六三二年、この地区と川を挟んで反対側にあるクリッパン（Klippan）地区との間にフェリーが運航し始めた。また、フェリー乗り場からこの街の中心部を通る「カール一一世の道」という公道が造られた。名前の由来は三九ページの注（1）で述べた通りである。つまり、フェリエネース地区の真ん中を国道が通るようになったのである。

フェリーは、どんなときも誰にでも開かれており、当時、料金は無料だった。フェリーができたことで、ここに住む農家の人たちは、自分たちがつくった農作物をヨーテボリの中心街に

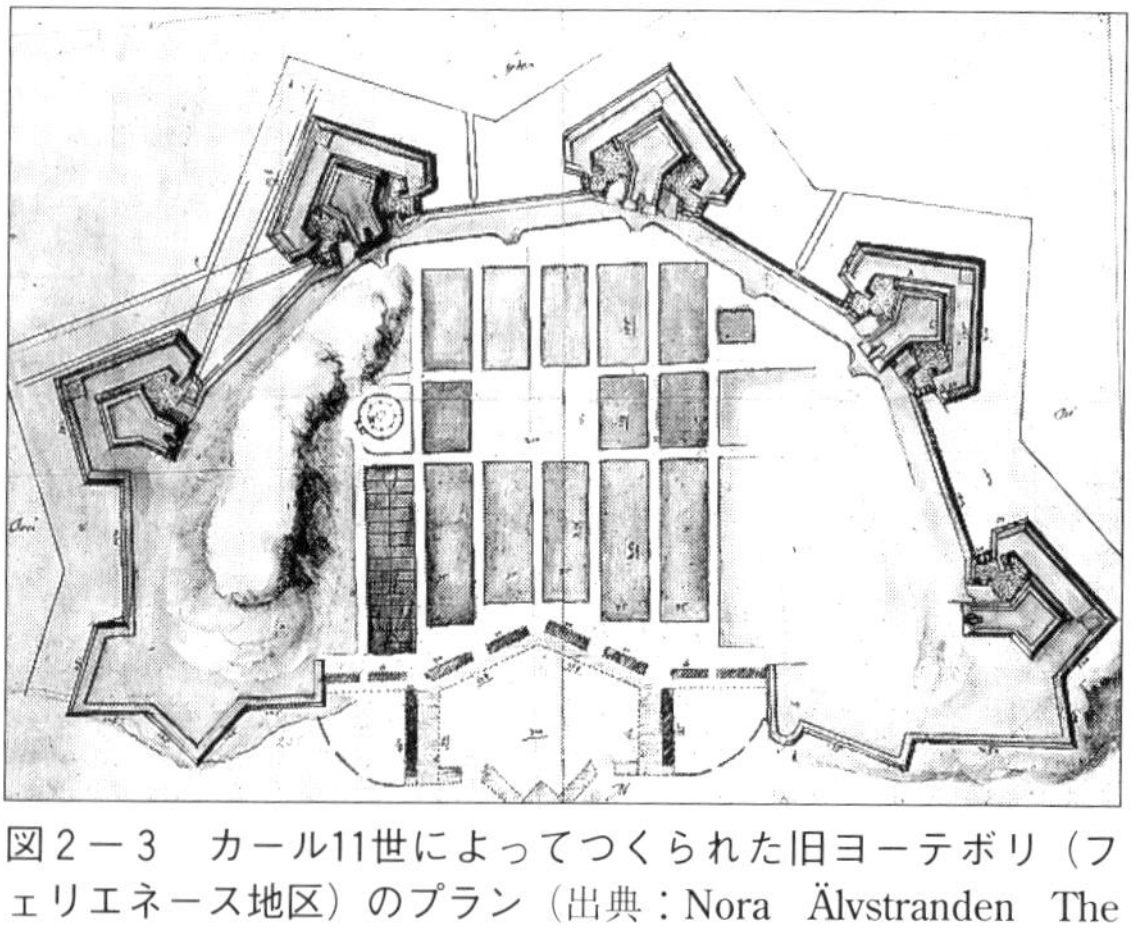

図２－３　カール11世によってつくられた旧ヨーテボリ（フェリエネース地区）のプラン（出典：Nora Älvstranden The Guide）

運んで売りさばくことができるようになった。

その後、工業化に伴いフェリエネース地区でも石油精製工場が立地し、化学用ソーダやパラフィンが生産されるようになった。材木工場では、主に建設用木枠のための厚い板が製造された。小さな造船所ではボートが造られるようになり、また地中海から塩を輸入し、精製して工業用、家庭用として販売する会社も立地していった。しかし、これらの工場は二〇世紀の初めにほかの地域に移っていった。

かつて、多くの人々がここに暮らしていた。カール一一世の道に沿って、州知事の家、警察署、郵便局、喫茶店、電話局などが並んでいた。だが、工場がほかの地域に移っていくにつれて地域の輝きは失われていった。決定的で最終的な打撃となったのは、一九六八年にエルブスボリ橋が建設されたことである。これまでこの地区は、いま述べたように、フェリーの運行によって市の中心部を結ぶという重要な交通機能を保持してきたが、橋が建設されたことによってこの地区がもっていたすべての機能が失われてしまったのだ。このとき以後、郊外の一角として、フェリエネース地区は再び静かな時間を迎えることとなった。

2 — エリクスベリ地区（Eriksberg）

エリクスベリ地区に行くには、ヨーテボリ中央駅の裏手にあるリラボメン波戸場から、三〇分おきに出ているフェリーに乗るのが手っ取り早い。フェリーは、リラボメン、ローゼンルンド、ルンドビィストランド、リンドホルメン、スロッツベリエット、エリクスベリ、クリッパンという七つの停留所を結び、ヨータ川の右岸と左岸を運航している。右岸にあるノラエルブストランデンには、エリクスベリ地区のほかに、この後に訪れるルンドビィストランド地区、リンドホルメン地区に停留所がある。

ビールを傾け、大きな声で語り合っている観光客の脇で、太陽の光を受けながらしばらく待つ。波しぶきをあげて白いフェリーが近づいてきた。自転車を担いだ若者たち、通勤客、高齢者の姿も見える。すぐに接岸し、多くの人が波戸場に降り立つ。逆に、今度は待っていた人たちが一斉にフェリーに乗り込む。

乗り方はいたって簡単である。交通案内所（tidpuken）で前もって買っておいたカードを船の中にある自動スタンプ機に入れ、「2」のボタンを押せばこれでおしまい。カードの裏面に、乗車した時間と残金が記入される。乗り換えの場合には、一番上の「byte」と書かれている白いボタンを押せばいい。一時間三〇分以内の乗り継ぎなら料金は不要である。

1 ガントリークレーン
2 テラノバ造船所
3 パルククバテーレット
4 オストインディエファーレン
5 カイクバテレット
6 カイフーセット
7 マシンカイエン
8 パンセントラーレン
9 ブローハレン
10 エリクスベリハレン
11 ビラン
12 シューポーテン
13 アールストロムスピレン
14 ユーベルクバネン
15 カイカンテンⅠ
16 カイカンテンⅡ

20 ヴィンガ
21 サーメランド
22 スンナンランド
23 ソールハレン
24 スニッケリーエット
25 ショッピングセンター
26 風の寺院
27 ソールハルスベリエット

17 ピール5
18 ローダボラーゲット
19 エルブストランデンテナント ブロック

図2―4　エリクスベリ地区全体図
（出典：Norra Älvstranden The Guide）

図２－５　自動スタンプ機（出典：WELCOME TO GÖTEBORG JAPCO）

エリクスベリ地区は、ヨータ川に沿った五二ヘクタールの広く平らな地域である。西側にあるフェリエネース地区の小高い山（カール一一世の築いた砦）から、東側のソールハルスベリエット（Sörhallsberget）まで続いている。日射しを受けて川面は輝いている。フェリーが進むにつれて、ランベリエット（Ramberget）という特徴ある禿山《はげやま》が近づいてくる。

エリクスベリ地区には、かつてヨーテボリ最大の、そして世界でもっとも現代的な造船所の一つがあった。いまここには、ヨーテボリ市民があこがれる素敵な住宅群が立ち並んでいる。古い造船所の建物を改造した事務所では、ＩＴ関連のベンチャー企業が日々産声を上げている。そのような企業と巧みに連携し、試作品開発を積極的に展開する企業群もある。住み、働き、文化を楽しみ、憩うエリクスベリ地区は、ヨーテボリ市の重要な拠点となっている。

フェリーは波しぶきを上げて進む。住宅群の背後に「ユーベル（JUVEL）」というカラフルな看板が見えてくると、エリクスベリの停留所も近い。ここは、いまはもう稼動していないが、スウェーデンでは一番の巨大な小麦工場であった。フェリーの進行方向の左側、エリクスベリの西

川沿いのマンション群の背後にユーベルの看板が見える

側に造船所のシンボルとして残っているガントリークレーンが見える。乗船客の一人がガントリークレーンを指差し、ここで毎年開かれるバンジージャンプの大会について解説している。何げなしに聞いていると、どうやら相当に迫力のある催しのようだ。

桟橋に着く。船はガタンと揺れて止まった。リラボメン波止場から二〇分ほどでエリクスベリ地区の停留所に到着した。

代表的な建物群——造船所の歴史を生かして「ブローハレン」、「エリクスベリハレン」、「ビラン」という、この地区のシンボルともいわれる建物が目の前に並んでいる。フェリーを降りてそれぞれの建物に向かおう。

初めに、「ブローハレン（BlåHollen）」（**全体図9番**）を訪ねる。ここは、一九六一年に建設

左側の建物がブローハレン。右側はエリクスベリハレン

され、かつてはディーゼルモーターをつくる巨大な工場であった。一九九〇年から三年間かけて修復が行われ、現在は「クオリティホテル11」という素敵なホテル（延べ床面積：二五〇〇〇平方メートル、八階建て）として使われている。

レセプションで軽い会釈をして、館内を覗かせてもらう。内部はまるで船のようだ。各部屋は、船室を思わせるような巧みなつくりをしており、ガラス張りの窓の向こうには真っ青な空とヨータ川が、そしてその先にはたくさんの船が見える。

建物の四隅には造船所時代の鉄骨が残されており、現代的な雰囲気の中に昔ながらの伝統的な家具も置かれている。一八四の客室、一一の各レベルの会議室、どれも落ち着いた雰囲気だ。歴史を受け継ぎながらも、格調高く現代的なデザインが施されている。また、このホテルの一部は企業のオフィスとしても使われており、テレノディア（telenordia）、エネター（enator）、ドットコム（dotcom）、アイエムエス（IMS）、アデラ（Adera）、ボスタダボラゲット（bostadabolaget）といったＩＴ関連の企業が入居している。

今度は外に出てみよう。ブローハレン前の広場には、造船所時代の象徴であるプロペラ、アンカー、ウィンチ（**全体図9番**）などの産業遺産が並べられている。そして、隣にある建物が「エリクスベリハレン（Eriksberghallen）」（**全体図10番**）である。この建物は、二〇世紀初頭（一九二二年）に造られた機械工場に手を加えたものであって、一九九〇年に修復工事が始まって一九九二年に終了した。現在は、巨大な展示場（延べ床面積九〇〇〇平方メートル）として使われている。コンサートや国際会議などが開かれる場合には、これら二つの建物を利用して、宿泊、展示など総合的な機能が果たせるようにしている。

「ビラン（Villan）」（**全体図11番**）もすぐ隣にある。ここは、一九四〇年代を代表するオフィスビル（延べ床面積二〇〇〇平方メートル）である。かつては造船所の管理事務所として、その後はヨーテボリ市の建築事務所として使われてきた。修復されたときに一〇〇メートルほど移動させられ、現在の位置となっている。いまこの建物は、事務所用スペースとレストラン用スペースの二つに分けて使われている。

アールストロムスの桟橋

川に突き出た桟橋へ——川の流れを聞く

今度は、川に向かって歩いてみよう。フェリーの停留所からは、川に向かって四つの桟橋と埠頭が広がっている。四つの埠頭にはタグボートが係留されており、現在でも往事の港の雰囲気が少しだが残っている。

川に沿って長く伸びた埠頭を歩くと、ヨータ川の流れ、水しぶき、太陽に照りかえる水面の輝きを味わうことができる。目を静かに閉じると、街の喧騒や人々のにぎやかな会話がスッーと消えて、すぐに川の流れが耳に迫ってくる。これら桟橋と埠頭は一九世紀に造られたものであり、一九五〇年代の中ごろに修復され、船具を装着する場所として使われてきた。

一番東側の桟橋は、ローダボラーゲット株式会社（Röda Bolaget、**全体図18番**）というタグボート会社の母港である。埠頭や桟橋の上に、木でできた建物（延べ床面積八四〇平方メートル）が見える。この建物自体は一九九一年に建設されたもので、一階部分は船の修繕場であり二階に事務所がある。この会社は、一二五年間にわたって海運業を行ってきた。現在でも一五のタグボートを所有し、一三〇人を雇用している。船を曳航したり石油やガスの供給を行うなど、船の航

行に必要なサービスは何でもこなしている

一番西側の桟橋は、「アールストロムス（ahlströms pier）」（**全体図13番**）と呼ばれている。ここには、一九五六年に建築された古い建物があった。一九九〇年に改築され、エビやカニ、サーモンなどを使った素敵な料理を出すことで有名なレストラン（延べ床面積七七〇平方メートル）として現在では使われている。

クバーンピーレン（Kvarnpiren）という桟橋は、ユーベルクバーレン株式会社（**全体図14番**）の精製した小麦の積み出しを行うためのものであった。また、ピール5（Pir 5、**全体図17番**）という桟橋には、二〇〇一年に新たに造られた建物（延べ床面積二三五〇平方メートル）がある。ここは会議場、レストラン、カフェとして使われている。埠頭に沿って船を係留するためのドックがあり、二階建ての建物の一部分は木でできている。

顔の彫刻

芸術、芸術、芸術――プロムナードを歩く

ブローハレンの前には、川に沿った素敵なプロムナードがある。明るい日射しの中、この道を歩いてみよう。

川べりには、たくさんの彫刻が置かれている。

石のフレーム

鮮やかな色が塗られ、トーテムポールのように刻まれた「顔の彫刻」（**全体図19番**付近）に出くわす。エキゾチックで、素敵な空間へと誘う感覚だ。川べり近くの「石のフレーム」（**全体図21番**付近）、レンガでできた寺院（ヨータ川からの強い風を受けるからなのか、通称「風の寺院」と呼ばれる）（**全体図26番**）、木でつくられたボート（**全体図11番**付近）、一つ一つの彫刻は見飽きることがない。

これらはいずれも一九九二年に造られたもので、マンション（**全体図21番**）の中庭にもいくつかの彫刻が置かれている。このほか、住宅地の建物の中にもたくさんの彫刻があり、それらによってこのあたりは独特の雰囲気を醸し出している。また、造船所の時代を表す彫刻、絵画、写真などもたくさん展示されている。それらすべての装飾品や彫刻が、多くの人々に発見されるのを待っている。

港の通りに沿ってガントリークレーンの近くまで行けば、テラノバ造船所で「ヨーテボリ号」（**全体図2番**）に出合うことができる。いまここにある船は、一八世紀に沈んだものを再現して、船の寸法から装着品に至るまで当時の船の資料に基づいて造られたものである。本来は二〇〇〇年に中国に向けて出発する予定だったが、現在は二〇〇四年に修正された。

レンガでできた通称「風の寺院」

「毎年、毎年、出発日が繰り下がるから本当のことはわからない。一八世紀から待っているのだから多少遅れても……」と、ハンス・アンデル氏が笑った。一九九五年にこのプロジェクトについての準備は始まり、一九九六年にヨーテボリ二号の製造のためテラノバ造船所が造られた。

造船所時代の建物群

この地域を訪れるときに忘れてはならないのは、ソールハレン（Sörhallen、**全体図23番**）である。造船所の危機の後に、土地所有者であるスウェードヤード株式会社はエリクスベリ地区の土地をどのように利用するかという計画を練り始めた。実行可能な方法として考案されたのが、古い建造物を改造し、新たな建物として蘇らせることであった（第3章第2節に詳しい）。そのとき、真っ先に選ばれたのが一八八〇年代に造られたソールハレンであった。造船所の歴史を生かしながら建物の修復を図ることが方向性として示され、その試みの一つとして、ソールハレンは一九八五年から一年程度をかけて新たな機能と設備をもった現代的なオフィス（延べ床面積一万平方メートル）へと改造された。

この地域の産業遺産としては、これ以外にも、ユーベルクバーレン（Juvelkvarnen、**全体図14番**）やスニッケリーエット（Snickeriet）も忘れてはならない。ユーベルクバーレンは一九一五年に建設されたもので、造船所時代の典型的な建物であり、昔のままの大きな看板（四七ページの写真）が残されている。また、改造された建物は近くの住宅群と非常によくマッチしている。スニッケリーエット（**全体図24番**）はかつての材木工場（一九五五年建設、延べ床面積五八七〇平方メートル）であり、特徴的なノコギリの歯をもった屋根がおもしろい。かつてここではボートのインテリアがつくられていたが、今日、事務所、作業場、芸術家のスタジオをとして利用されている。材木工場だったころ、建物の中央部分に光を供給するために天窓がつけられた。このガラスをはめこんだ部分は日当りがよく雰囲気もいいことから、いまではこのあたりで働くビジネスマンのためのラウンジとなっている。

エリクスベリ地区の住宅街

川べりに造られたプロムナードをたどりながら、この地域の素晴らしいマンション群もぜひ見て欲しい。中庭に目をやれば桜の花が盛りだ。モニュメントの脇から静かに水が流れ、輝く光の

美しさを競う中庭の花々とそのマンション群

中で黄色の花や紫の花が美しさを競っている。

エリクスベリ地区は南側に川の流れを抱き、ここからはヨーテボリ港の全体の様子を概観することができる。造船所時代の古い建物、桟橋、波止場は、この地域をより魅力的なものにしている。ヨータ川沿いの通りはどこまでも平らで広い。完全に車の走る場所と人が歩く所が分離されており、遠くの市街地や通り過ぎるフェリーを眺めていても車にはねられる恐れはない。

ビジネスと住居がよく混りあう複合的な街が、エリクスベリ地区の目指すゴールである。ヨーテボリ市の「地区詳細計画」は、この方向にマッチするよう質の高い建物の建設を求めている。各々の建物は川面に向かってオープンに造られ、水の上にきらめく光や川の流れを眺めることができるように緻密に配置されている。また、個々の建物が相互に調和しあうことで、建物を包み込む地域全体が優れた文化的な香りを醸し出している。さらに複合的な街というコンセプトに従い、居住用マンションの一階部分は通常よりも天井を高くし、通路側にはショーウインドーとなるよう大きな窓を配置している。これは、ブティックや事務所などにも使えるようにするための工夫である。

一九九〇年代のバブル経済崩壊後も、マンション群の建設が続けられてきた。いまも、さらに新しい住宅群の建設が進められている。

桟橋近くでは、一九九二年に住宅群の建設が始まった。個々のブロックは川に面しており、ビルディングの素材と色は暖かな印象を与える。建築物は、川面の反射をうまく利用するように彩りや材質に工夫を施されている。明るい建物の壁面は、造船所時代の薄暗いレンガ色をした建物との違いを際だたせてはいながら、それらはヨーテボリの伝統的な色彩にもよく似合っている。それぞれの住宅が光と風をうまく受け入れている。建物の配置によって少しずつ異なるが、各部屋はバルコニーか芝生の庭をもっている。これは、ヨーテボリ市の地区詳細計画において、この地域を芸術的に装飾しようと特別の注意が払われたためであり、とても魅力的なものになっている。すべてのビルディングには熱供給システムが配備されており、また各ビルディングに設置されたダストシュートから生ゴミなどが自動的に吸引されることで街の清潔さも保たれている。

桟橋近くのマンション群は次の五つに区分できる。

第一はカイカンテン（Kajkanten I&II、**全体図15番、16番**）である。これは、二〇〇一年に完成した連続した二棟の賃貸マンションである。延べ床は両棟合計で一万平方メートル、第一棟は九四室、第二棟は六四室ある。各戸ごと三〜七つの部屋があり、六五〜一六九平方メートルとなっている。少なくとも二つのバルコニーかテラスが付いており、天井は平均より高く、階段は陽の光が入るように工夫されている。

第二はエルブストランデンテナント（Älvstranden tenant-owned block、**全体図19番**）である。これは、一九九七年に完成した個人所有のマンションで、九四戸あり、各々三〜六の部屋をもっている。

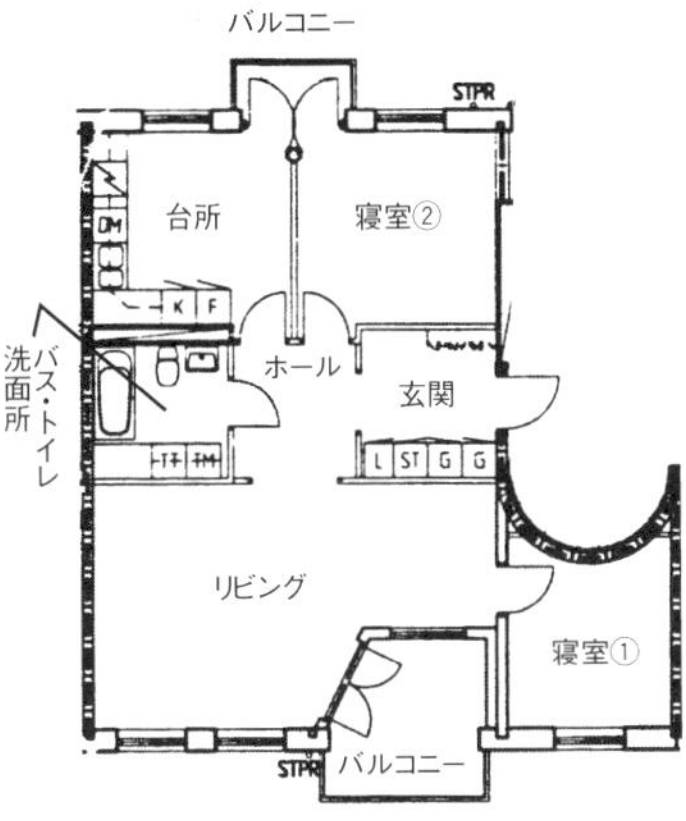

図2－6　カイカンテンⅠ&Ⅱ
(出典：Nora Älvstranden The Guide)

第三はビンガ（Vinga、**全体図20番**）である。このマンションは一〇六戸あり、それぞれ五三〜一一六平方メートルある。各々の部屋は居住者の好みに応じて間取りやデザインを変えることが可能である。そのため、一九九六年の完成当初は賃貸用マンションだったが、現在はすべて個人所有である。

第四はサーメランド・スンナンランド

（Sameland and Sunnanland）」（**全体図21番**、**22番**）である。一九九三年に完成した連続する二棟のマンションで、合計九一戸ある。各々三～七の部屋をもっており、内装には自然の素材が使われている。

第五はソールハルスベリエット（Sörhallsberget tenant owened block、**全体図27番**）である。一九九五年に完成した個人所有のマンションである。

いま、建築が進んでいるのは、マスキンカエン（maskinkajen）というかつての機械工場（**全体図7番**）付近である。マスキンカエンの工場跡地に立ち並ぶマンションのうち、代表的なもの

ソールハルスベリエット

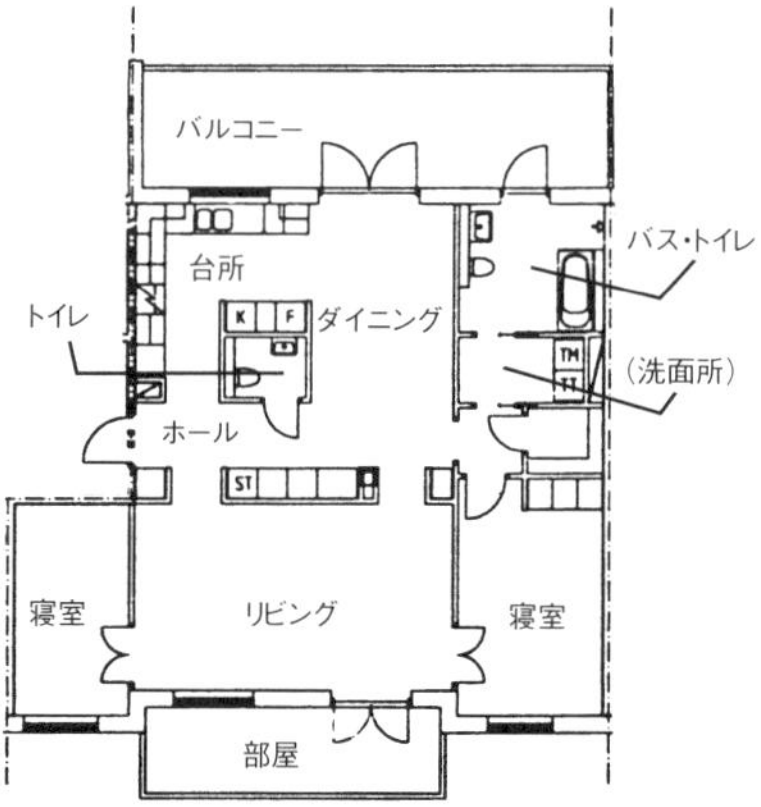

図２－７　パルクバーデレット
（出典：Nora Älvstranden The Guide）

は次の三つである。

第一はパルクバテーレット、カイフーセット・カイクバテレット（Parkkvarteret Kajhuset&Kajkvarterest、**全体図3番**）である。一九九九年に建設が始まり二〇〇一年に完成した賃貸用の住宅で、独立した一棟と連続した二棟のマンション群である。全体をあわせると一二二戸になる。第一ブロックのパルクバテーレットは四六戸で、二一のタイプの住宅が広がる。第二ブロックの川べりにあるカイフーセット・カイクバテレットは二四戸あり、各々一つまたは二つの大きなバルコニーかテラスをもっている。

第二はオストインディエファーレン（Ostindiefararen、**全体図4番**）である。二棟六五戸からなるマンションで、各々四一～一〇七平方メートルである。二〇〇〇年に完成した。

第三は、一九九七年に建設が始まり一九九八年に完成したマシンカイエン（Maskinkajen、**全体図7番**）である。全部で七〇戸あり、二六〇〇平方メートルがブテッィクや事務所として使われている。各住宅には、少なくとも二方向から陽の光が入ってくる。。

ショッピングセンターの開店

二〇〇一年一一月、ショッピングセンター（**全体図25番**）が開店した。このショッピングセンターは、エリクスベリ地区の入り口となるエリクスベリインターチェンジ（Eriksbergmotet）のそばに位置している。延べ床面積は一万平方メートルあり、車での来店が可能なよう、買い物客

ショッピングセンター内部

のために大型駐車場が整備されている。食料品や日用雑貨品のお店、数軒の高級ブティック、銀行、国営酒類販売店のシステムボラーゲット、ファーストフード店が出店している。ここは、ノラエルブストランデン開発株式会社が出資して建設を行った。

オープン直後の人出は物凄いものがあった。ノラエルブストランデンでこれだけの人出にお目にかかることはまずない。オープンして半年を経たいまでも、リピーターによる来店率はほとんど落ちていない。従来、お酒は国営酒類販売店にて名前と酒の種類および本数を紙に書いて買い求めていたわけだが、このスーパーではとくに申請書などは必要としないので、まるで日本における大量安売りの酒販売店のようにも見える。これまでと同じところは、何人かの酔っ払いがたむろしている点だろうか。

3―サンネゴーデン地区（Sannegården）

サンネゴーデン地区に行くには、エリクスベリ地区から川べりのプロムナードを西から東へとたどり、先ほども紹介した一番はずれにある「風の寺院」（五三ページの写真、**全体図26番**）という大きな彫刻の角を左に折れればいい。

視界が急に広がる。背後に控える二つの山並みが印象的であり、その山に向かって奥のほうまでズッと川が入り込んで小さな湾を形成している。ここは、かつては鉄や石炭や木材の積出港であった。この地域は何度も再開発計画が練られてきたが、その都度断念せざるをえない事態となってきた。いま、対岸には真っ白な低層のマンション群がゆったりとその姿を現し、さらなる開発の槌音が響いている。私が立っている側は、のっぺりとしていまは何もないが、「港沿いの開かれた庭園都市」というコンセプトのもと、新たな計画（第４章一八五ページ以降参照）が練られている。

対岸の建設中の建物群を中心として、グルリと周りを見わたす。遠くに連なる山々、マンション群、湾奥に続く川の流れ……。ときおり、白い鳥の群れが飛来する。この地域の発展した将来の姿が想像できそうだ。

静かに目を閉じる。計画に描かれたいくつかのシーンが浮かんでくる。山に向かって続く道を、

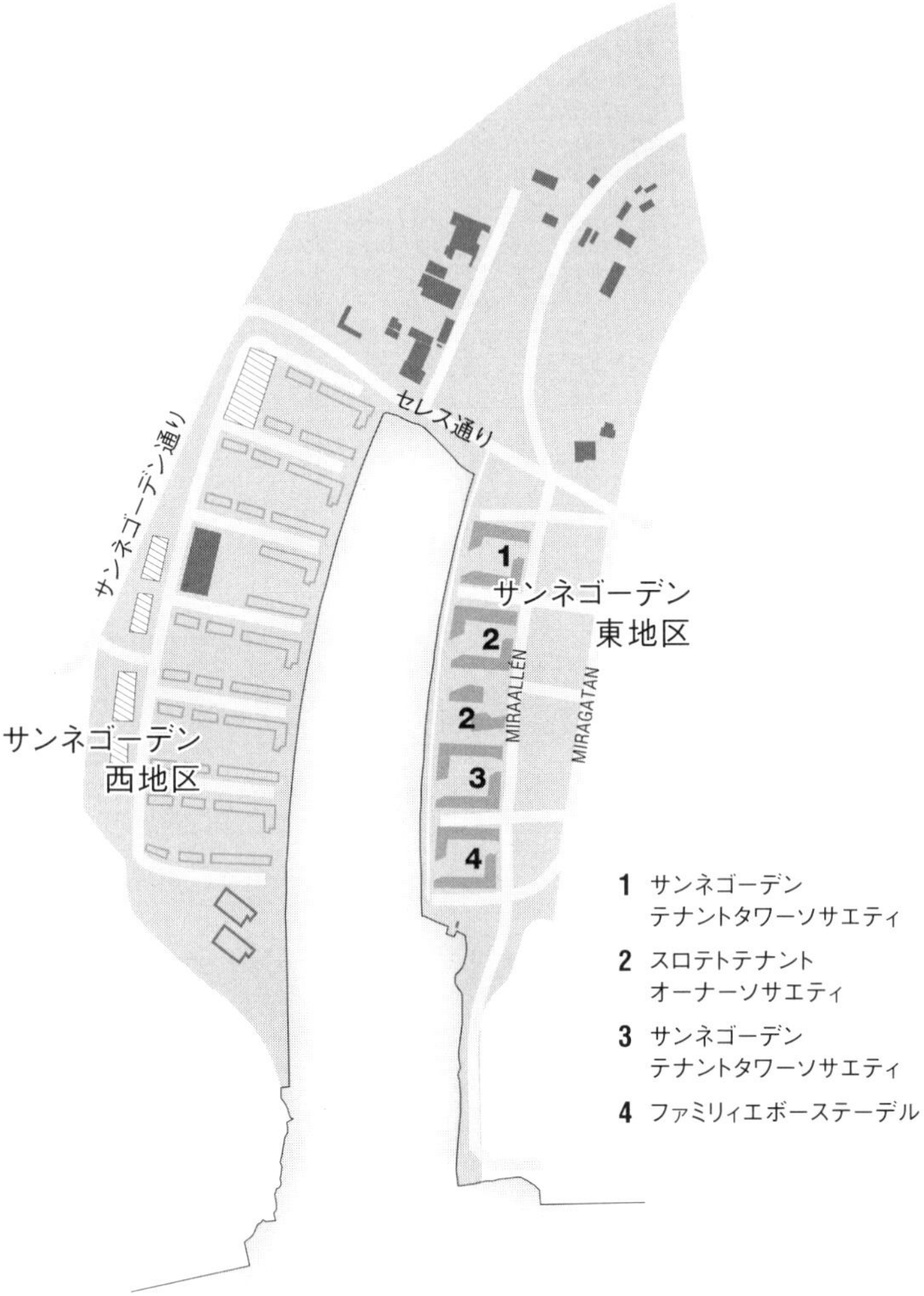

図2—8　サンネゴーデン地区全体図
(出典：Norra Älvstranden The Guide)

港沿いの開かれた「庭園都市」へ

風を切って若者たちが軽やかに走りすぎていく。街路樹の脇に置かれたベンチでは、老夫婦がゆったりとした時を過ごす。川の流れを見つめながら若い恋人たちが夢を語らう。そこには、たくさんのボートが係留されていることだろう。長い時間の空白を埋めるべく、「港沿いの開かれた庭園都市」がようやく実現しようとしている。

現在、この地域は三つのセクションに区分して計画が進められている。

第一は、現在建築中の港の東側にある四つのマンション群（**全体図1番〜4番**）である。そのうちの一つが「サンネゴーデン・テナントタワーソサエティ（Sannegårdshamnen tenantowener society）」（**全体図1番、3番**）である。これはL字をした建物で、各戸は各々三八〜一一三平方メートルである。二〇〇三年中に完成する。二つ目の「スロテト・テナント・オーナーソサエティ（Slottet tenant owner society）」（**全体図2番**）は二つのブロックからなっており、一つのブロックは二つのL字型をした四階建ての建物、もう一つのブロックは対面する二つの建物から構成されている。全部で九五戸あり、各戸は一部屋から六部屋をもっている。こちらのほうは、二〇〇一年に建設が始まって二〇〇二年に完成した。次のファミリィエボーステーデル（Familjebostäder）」（**全体図4番**）は二つの建物から成り立っている。九〇戸のすべてが賃貸用マンションであり、全体の延べ床面積は六〇〇〇平方メートルとなっている。二〇〇一年に建設が始まり、二〇〇三年秋に完成する。

第二は、いま私が立っている西側の波戸場地区である。ここには、三六〇戸、九〇のテラスをもった住宅群が計画されている。この地域はエリクスベリ地区の東側に近く入居希望も高いことから、さらに一〇〇戸のテラスをもった住宅も予定されている。

第三は港の中心部分で、学校や図書館などの公的施設を建てるとともに、レストランなどを配置する計画が示されている。さらに鉄道に近い部分には、約一万五〇〇〇平方メートルから二万平方メートルのビジネスゾーンも含まれる。

砂の農場からコンテナの保管場所へ

この地域の歴史をたどってみよう。サンネゴーデン（Sannegården）の「Sand」は「砂」、「Gård」は「農場」という言葉からわかる通り、この地域は「砂の農場」と呼ばれていた。ここは牧歌的なサンドビィーケン湾（Sand-viken）の湾奥にあり、落葉性の豊かな森に囲まれていた。川の運んだ土砂と森林の恵みのおかげて、ここの大地は肥沃で古代からすばらしい農地を提供してきた。二〇〇〇年前から人が住みつき、中世には国王の領地として、またそれがゆえに神聖な場所として大切に守られてきた。

一八世紀、ヨーテボリ市内のどこの岸辺でもニシンが大量にとれるようになり、豊かな農村地域であったサンドビィーケン湾の付近ですら、農家の納屋はニシンの貯蔵倉庫に変わっていった。農家の納屋で一時保管されたニシンは、そのあと加工工場に運ばれ、魚オイルやニシンの塩漬けとなって国内はもとより国外へと輸出された。

一八六七年、ヨーテボリ市は砂利の需要に

サンネゴーデン西地区、工事が始まる

あわせてこの土地を買い求めた。それから四〇年後、サンドビィーケン湾は埋め立てられ、鉄や石炭や木材の積出港となった。港が整備されることで川の中ではしけを使って積み出しをする必要はなくなったが、新たな港湾需要、つまり大型船に対応すべく、さらに水深を深くするために港を再度掘り下げる必要に迫られた。湾のあちこちで掘削工事が行われて大量の土砂が野積みされた。不幸なことに、大雨の降った後、突如として野積みされていた土砂は地すべりを起こし、サンネゴーデンの領主の家を押しつぶしてしまった。

一九一四年、サンネゴーデン地区の港は近代的なものとして整備が行われ、七回にわたって拡張が続いた。それによって、造船所で使うための石炭を輸入することがこの港の主な活動となった。第二次世界大戦の前まで、一五〇〇万トンの石炭が毎年ここに到着していた。港に着いた石炭は、貨物列車によってスロッツベリエット地区やリンドホルム地区の造船所や関連会社に運ばれた。第二次世界大戦終了後にエネルギー革命が起こって石炭から石油に代わっていくと、この港は再び小さな一般的な積出港に戻っていった。そして、港の面影は消え、数年前までコンテナの保管庫として使われてきた。

このあとの「港沿いの開かれた庭園都市」に至るまでの道のりについては第3章一三八ページ以下および第4章第2節で紹介したので、そちらをお読みいただきたい。

4―スロッツベリエット地区（Slottsberget）

　ここは、昔、水に囲まれた独立した島であった。川が運ぶ砂が長い時をかけて次第に島の周りに堆積し、陸続きとなった。一三世紀、船の航行を見守り敵の侵入をいち早く発見するのに好適地であったことから、スウェーデン政府はここに城を築いて要塞として使用した。そこで、この地域はスロッツベリエット（Slottsberget）と名づけられた。スロッツベリエットの「スロッツ（slott）」は「城」であり、「ベリエット（berget）」は「山」を意味することからもわかる通り、山に建てられたお城という意味である。一七世紀にはこのあたりを支配する領主の家（**全体図8番**）が建てられ、畑、牧草地、果樹園をもつ巨大な農園が広がっていた。当時、領主の家の玄関口までは、運河を使って船で行くことができたそうだ。いまも残るこの運河は、当時、農民たちが中心市街地へ農作物を運ぶことにも利用されていた。

　その後、この地区は造船所の敷地となり、造船所を取り囲むようにたくさんの労働者住宅が建てられた。いずれも、狭小で過密な住宅である。その後、これらの住宅は現代的なものへと建て替えられた。現在ここは、サンネゴーデン地区と境を接しているうえリンドホルメン地区のサイエンスパークとも近いために、好立地を生かした現代的な住宅が多数配置されている。

1 造船所時代の面影を残す住宅群
2 学生用住宅
3 アフトンジャーナン
4 フォルマンス通りの八家族の家
5 エコフーセット
6 船の台
7 アルベータレ通りの八家族の家
8 領主の家
9 喫茶店レーダスチュガン

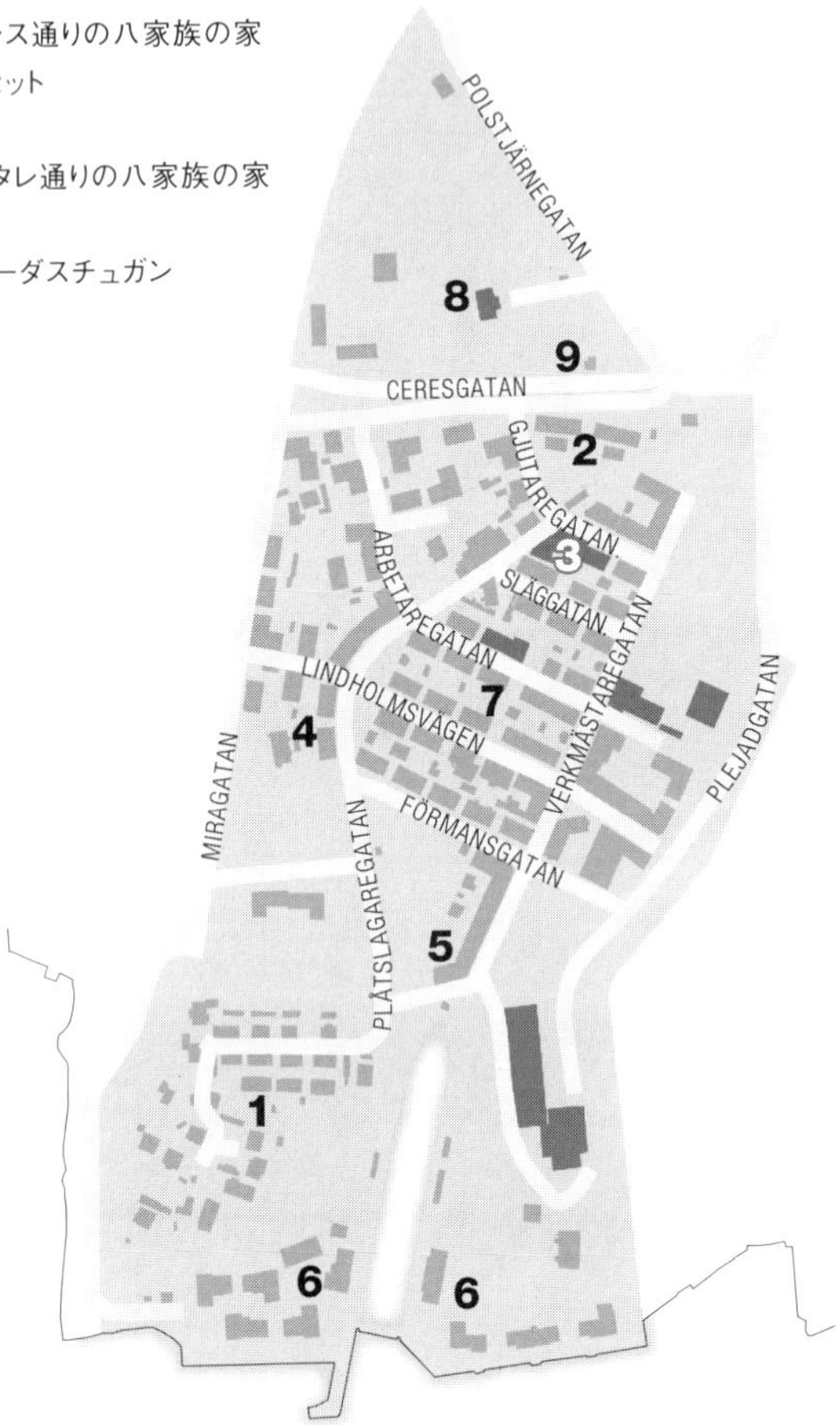

図2—9　スロッツベリエット地区全体図
（出典：Norra Älvstranden The Guide）

1900年頃の「山のお城」

素敵なプロムナードを経て「山のお城」をめざす

サンネゴーデン地区からスロッツベリエット地区へと向かう。川沿いの戸建て住宅を見ながらプロムナードを歩く。五月の日射しは強く、すぐに汗ばんでくる。カラフルな庭石、一斉に咲きだした草花、ポスト、花の置かれたポットなど、各々の住宅はそれぞれ趣向がこらされていて見飽きることがない。居住者の所有物だろうか、たくさんのボートがかつての運河沿いに係留されている。時折、ジョギングの若者たちが通り過ぎていく。

ここは、「船の台（Stapelbädden）」（**全体図6番**）と呼ばれる素敵な住宅群の一角である。ノラエルブストランデンにおける最初の居住プロジェクトとして、一九八九年に開発が始められた場所である。現在、港地区には総計八六戸の低層の住宅が建設された。各々、個人所有の建物で二階建てとなっており、三～六つの部屋をもっている。

エコフーセット

船の台

「船の台」を過ぎ、ボートの係留地となっている小さな運河と出合った所で左折する。これから、高台にある「アフトンジャーナン（Aftonstjärnan）」（**全体図3番**）や「八家族の家（Attamanna-husen）」（**全体図4番、7番**）と呼ばれたかつての労働者住宅街をめざす。少し心の準備が必要だ……ずっと上の目標を確認したうえで一歩を踏み出す。

「山のお城」というだけのことはあって、相当に長い階段が続く。息が切れる。途中でたちどまり後ろを振り返る。ヨータ川、そして運河が輝いて見える。港のエリアから中央部まで各地に公園が広がっており、低い木々の間に特徴ある建物が残されている。波止場、係留されたボート、水浴びに使う専用の赤い家が特徴的だ。

ようやく階段を上りきる。かつて、評判となったエコフーセット（Ekohuset、**全体図5番**）があった。一九九七年に建設された当時、広く世界に紹介されたとのことである。ヴィンガードアルキテクテル株式会社（Wingardh Arkitekter）の設計で、ボスタダボラゲット株式会社（Bostadsbolaget）が建設を行った。延べ床面積一三〇〇平方メートルで、一三戸で構成されている。この地域の伝統的な建物の特徴を生かしながら、リサイクル可能なレンガ、ソーラーパネル、建物の各階に付けられた野菜の庭など、エコロジカルな価値を付加した建物となっている。

「八家族の家」へ

坂を下り、少し歩く。この地区の中央部となる小さな公園の反対側に、かつての「八家族の

八家族の家

家」（**全体図4番、7番**）を改造した一連の住宅群がある。これに続く新たな住宅群もこの地域の歴史を反映し、「八家族の家」の外観を模している。これは、第1章で述べた（二二ページ）、アランとブリッタの夫婦が住んでいた住宅と同じ形態の共同住宅を改造したものである。

かつて、造船所の操業とともに、スロッツベリエット地区は造船労働者が多数居住する地域となった。ここは、狭い街路と狭小で過密な住宅群によって構成されていた。そういった造船労働者のための賃貸用共同住宅は「八家族の家」と呼ばれた。この「八家族の家」という言葉からわかる通り、八つまたはそれ以上の戸数をもつ共同住宅である。各戸は一部屋しかなく、大勢の家族がそこで一緒に生活した。内部にトイレはなく共同の屋外便所が併設されていた。

バルコニーなどはなく、窓が一つ付けられているだけであった。家族同士、近隣同士、さまざまな心の亀裂やいさかいが絶えなかったことだろう。スロッツベリエット地区の住宅の中には、造船労働者自身が城の廃墟から石を持ってきて運び、自宅の地下室や家の基礎として使用したものまであった。

この地区に現存する二つの建物を紹介しておこう。

一つ目は、アルベタレ通り（Arbetaregatan、**全体図7番**）にある建物である。これは、かつての「八家族の家」を改造したものである。トイレと風呂を屋内に造り、しきりとなっていた壁の一部を壊して、二部屋またはそれ以上の部屋数を一戸の住宅とするべく改築を行った。かつての共同トイレは、現在、物置として使われている。

二つ目は、フォーマンス通り（Förmansgatan、**全体図4番**）にある建物群である。これは、古い時代の建物の跡を記念して、一九九六年に残されていた壁と古い基礎を使用して建てられたものである。木造住宅であり、かつての「八家族の家」と同じ量感、同じ屋根の角度などを守って造られた。建物はトータルで一〇五戸、建物の間に芝生の中庭があり、延べ床面積は合計で九八〇〇平方メートルとなっている。大部分が一戸は四部屋となっているが、中には五部屋ないし六部屋のものもある。

エヴェルト・タウベ像

アフトンジャーナン（宵の明星）
と呼ばれるコミュニティセンター

アフトンジャーナンを訪ねる

次に、緩やかな坂を下り「アフトンジャーナン」（**全体図3番**）と呼ばれる建物を訪ねる。現在、この建物は地域コミュニティの核となっており、人々のにぎやかな交流が行われている。映画館やバラエティショーのためのステージもここにはある。

アフトンジャーナンというコミュニティセンターの誕生は、一九世紀末にさかのぼる。それは、第1章で紹介した「たいまつ」（一八ページ）のような自然発生的な自主的な学習運動であった。当時、社会問題を市民が議論するための小さな小屋があちこちに造られ、その後、人々は、定期的に同じ建物に決まった時間に集まるようになっていった。ここでは、バザーやダンス会が夜に開催されたこともある。不幸なことに最初のアフトンジャーナンは火事で焼け、その後の一九〇三年、一階部分が石積みの、新しくより大きい建物が造られた。このとき、この建物内にミーティングホールと図書館も併設された。

一九二五年、造船所の労働者住宅が近くにできたことで地域の環境は大きく変化し、従来からこの地区に住んできた人々は別の場所に移っていった。それに伴い、アフトンジャーナンの活動も熱を失っていった。一九四五年、造船所の操業が急に活発化し、工場の拡張が始められた。そして、それとは反対に労働者住宅のいくつかが取り壊された。のちに明らかにされたところによると、造船所の拡張のためにスロッツベリエット地区の居住エリアすべてを取り払うことが計画されていたようだ。具体的には、山を削って平坦地とし、さらに巨大な造船所を築こうとするものであった。しかし、この無謀な計画の一部は市民の知るところとなり、二〇世紀の吟遊詩人と呼ばれるエヴェルト・タウベ（Evert Taube）(2)をはじめとする多くの人々が反対の声を上げ、その地域は救われた。数年後、不況によって造船所自体が閉鎖となり、この計画は自然消滅した。

---

(2)（一八九〇～一九七六）。エヴェルト・タウベは、スウェーデンで詩人、歌手、作曲家など多彩な分野で活躍した。一九二〇年頃からシンガー・ソングライターとして人気を得た後、ベルマン（スウェーデン文化の黄金時代とされるグスタフ三世の時代の代表的な詩人）や中世ヨーロッパの歌にも関心を広げた。作曲としては『Ballad om briggen "Blue Bird" of Hull（帆船〝ハルの青い鳥〟のバラード）』や『En hattespelman（浜辺のフィドル弾き）』などがある。タウベは、口笛を入れたり、ラテン風の即興を入れたりと歌手としても一味違う新たな趣きを醸し出している。

造船所が閉じられた後も、四〇〇人ほどの人がこの地区に残っていた。住宅の質は悪く、人々の生活水準も低かった。一九八〇年の夏、ヨーテボリ市は地権者と住民の協力のもと「八家族の家」の改築を行った。このの、地域コミュニティの活性化のためにアフトンジャーナンの扱いが課題となった。一九八六年の夏、アフトンジャーナンに関する新たな改築計画が生まれ、一九九三年に改築は完了した。

スロッツベリエットの住宅街

修復された建物はスウェーデンの文化的遺産の一部でもあり、それらは文化や歴史を大切にしながら社会を発展させていくという一つの方向性を提示している。また、この地域は、リンドホルメン地区の大学や高校に近いために、約七〇の「学生用住宅（Student residences）」（**全体図2番**）が用意されている。それぞれ二部屋から四部屋をもつ立派なもので、屋根裏には倉庫用の部屋があり、それ以外に共通の洗濯場も併設されている。

5―リンドホルメン地区（Lindholmen）

リラボメン波戸場からフェリーに乗って、リンドホルメン地区に向かう。桟橋の前には、「ヨータ」、「サーガ」、「エーラン」、「ユピテル」という船の名前がついた大型の建物が並んでいる。ここはノラエルブストランデンの中核部分にあたり、シャルマー工科大学、産学連携によって造られたＩＴ大学、高等学校などが各建物に立地している。

私が訪れたときは、ちょうどこの地区にある高等学校の学園祭が開催されていた。「エーラン」、「サーガ」という建物の中には生徒たちの手による絵画や彫刻などがあちこちに展示されていたので興味深く覗いていたが、建物の外が非常に騒がしい。外に出てみると、中庭ではコックの帽子をかぶった若者たちが盛んに声援を送っている。

シャンパンが抜かれて大きな音がした。と同時に、大きな拍手が沸き起こった。どうやら表彰式のようだ。あたりにバターやワイン、きつい香辛料の匂いが充満している。「何ですか？」と尋ねると、「高等学校の料理チャンピオンの表彰式」ということだった。一〇人ほどの学生が腕を競って魚料理をつくった。仲間の学生たちが試食し、もっともおいしいと感じた料理に一票を投じる。その結果が、いま発表されたわけだ。審判員が評点のポイントと高得点に至った理由を説明し、優勝した学生が仲間から花束を受け取ると、ひときわ拍手の音が高くなった。

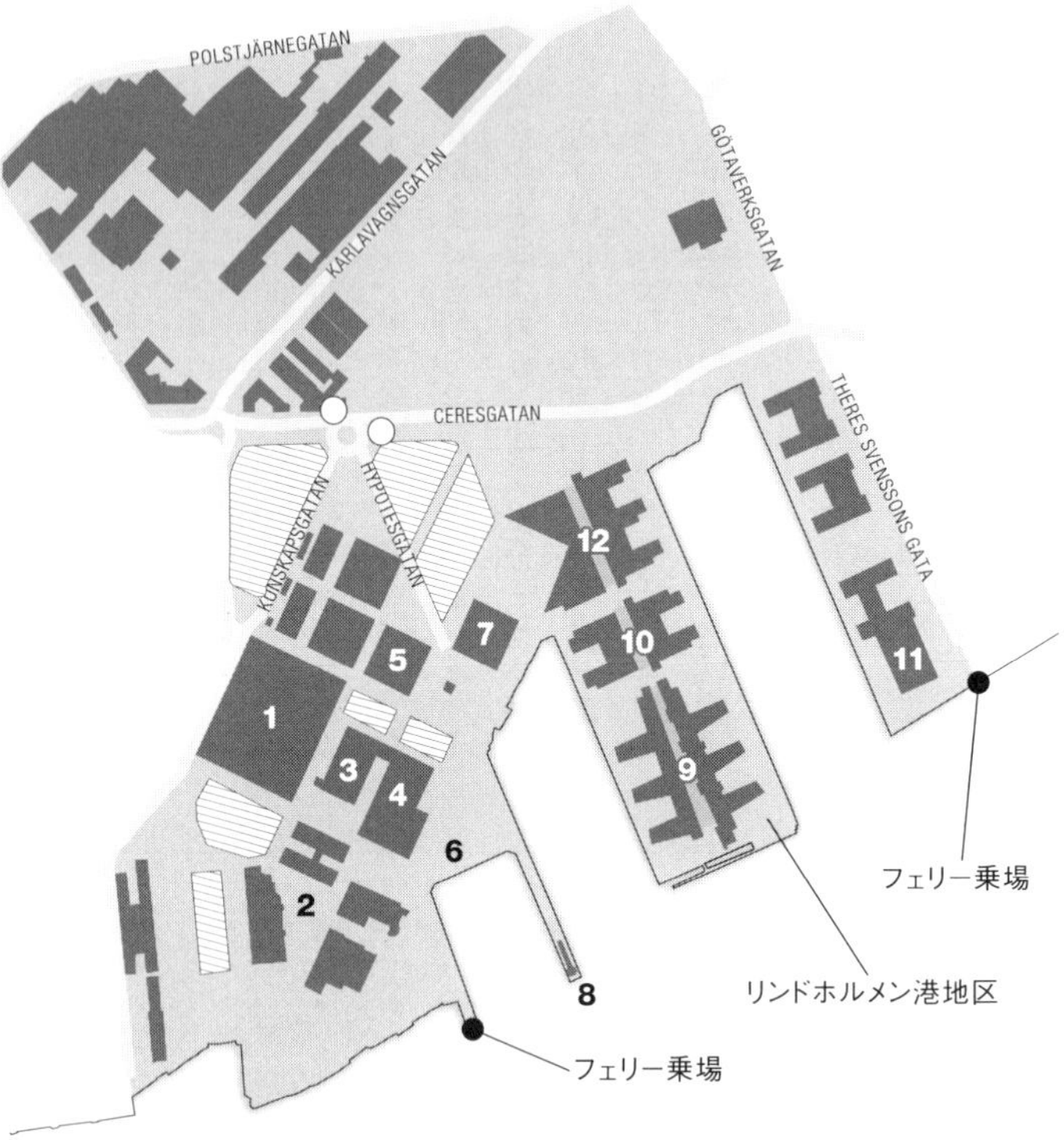

1 サントス（IT大学）
2 ポラーレン
3 ヨータ
4 エーラン
5 サーガ（シャルマー工科大学）
6 二極の連なり
7 ユピテル
8 エールネン
9 エリクソン（株）のITセンター
10 シグマ
11 セムコン
12 ナーベット（インキュベート施設）

図2−10　リンドホルメン地区全体図
（出典：Norra Älvstranden The Guide）

料理チャンピオンの表彰式

船の名前のついた建物群

それでは、この地区の代表的な四つの建物を紹介しながら、ここに立地する大学や高等学校の現況について紹介していく。

最初に、ヨータ（Göta、**全体図3番**）を訪れよう。この建物は一九五二年に建築されたもので、造船所の時代には機械工場として使われていた。一九九〇年に始まった改築は、翌年には建物内部の装飾なども終わって、いまはイースターモセッソン（Easter Mosesson）高等学校（延べ床面積九六二七平方メートル）がここを使っている。この高等学校は六つのコース（美術、科学、レストラン、建設など）に分かれており、それぞれ関連する専門知識を習得していく。冒頭に登場した学生たちは、この高校のレストランコースで学んでいる若者たちだ。

長らく造船所として歩んできたこの地域の歴史

エーラン

ヨータ内のレストラン

を反映し、高等学校内には船室用の厨房があり、狭い船内での調理の仕方も習得できるようになっている。

ヨータの入り口の横には、学生たちがつくったケーキとパンを販売する小さなお店がある。かなりの人気があるようで、私が訪れたときもたくさんの人がフランスパンや彩り豊富なケーキを買い求めていた。もちろん、仕入れから販売までを学生たちがやっている。これ以外にもレストランがあり、ビュッフェ方式で好きなものを取って食べることができるようになっている。食品サービスやベーカリー、レストランといった専門職の養成もここで行われている。

次は、エーラン（Åran、**全体図4番**）を訪れよう。ヨータの隣にあるエーランも、かつては機械工場であった。一九四五年に建てられたもので、一九九四年から四年間をかけて改築が行われた後、現在はイースターモセッソン高等学校（延べ床面積一四〇〇〇平方メートル）となっている。コンピュータによるソフト開発技術の習得をめざす若者たちが学んでいる。

次に、建設中のリンドホルメン港地区を眺めながらサーガ（Saga、**全体図5番**）を訪れよう。ここは、ヨータ、エーランとは異なり、一九九四年に新たに建設（延床面積八〇〇〇平方メートル）されたものである。シャルマー工科大学はこの新しいキャンパスに大きな期待を寄せている。開校当初は、大学のオープンカレッジとしていくつかの社会人向けコースを運営するだけであったが、一九九九年に至り、シャルマー工科大学のリンドホルメンキャンパスに発展し、正式に授業を開始した。

ヨータの隣に位置しているのがサントス（santos、**全体図1番**）である。のちほど第4章でアン・ストレムベリ氏（IT大学プロジェクトマネジャー）が語っていることからもわかる通り、ここに立地するのは既存の大学の枠を越えた、産学連携の要としてのIT大学である。シャルマー工科大学およびヨーテボリ大学、そして西スウェーデン地区の商工会議所とヨーテボリ市、エリクソンなどのIT関連企業が共同出資者となって建設が行われた。世界的な競争力をもった企業を輩出することがIT大学に期待される役割であり、隣接するリンドホルメン港地区に立地する企業に対して、IT大学はインキュベーターとして応援を行う。また、大学自らも企業との連携により研究開発を行っていく。エリクソンは、次世代の携帯電話に関する技術研究をここで行うべく共同出資者の一人となった。

これ以外にも、ヨーテボリ市の成人学校、図書館、情報技術の振興を中心とした情報センターもこの地区に設置されている。ここで、西ヨータランド県[3]の労働部はヨーテボリ市の教育機関と協調しながら求人に関する情報の提供を行っており、市民や学生はいち早く職に関する情報を得ることができる。

二極の連なり——屋外の芸術作品

色とりどりの彎曲した金属の板が、エーランの前にある広場の中に十数個置かれている。これは「二極の連なり（The Dieder Sequence）」（**全体図6番**）という彫刻群である。一九九四年に、ヤット・マルコス（**Gert Marcus**）という芸術家の手によって作成されたものである。

彎曲した曲線は海原に漂う船や吹き付ける風をイメージしているように思えるが、「それでは、なぜ、各々の金属板の裏面と表面は異なる色をしているのだろうか?」と、私は不思議に思った。後日、これについてハンス・アンデル氏に尋ねると、彼は次のように答えてくれた。

「『二極の連なり』という名前はギリシャ語に由来します。『di』は二つ、『eder』は表面です。このことからから想像すると、連なる二極、プラスとマイナスが互いにぶつかりあう様を表しているのではないだろうか。吹き抜ける風というイメージとともに、物事の二面的な姿が互いにぶつかったり近づいたりするという意味も込められているのではないだろうか」

二極の連なり

そして、「芸術家の考えることは難しいけど……」と付け加えた。

このほかにも、リンドホルメン地区の広場には、港湾をイメージし、船具を装着した船のモニュメントである「磁極（Polaren）」（**全体図2番**）が置かれている。一九八〇年に、チャールス・ブローナ（Charles Bråna）という芸術家の手によって作成されたものである。

巨大な建物群の中にあって、彫刻群も一つの風景を形づくっている。両者はあいまって街としてのまとまりを描き、人々の愛着を高めている。

（3）西ヨータランド県は四九のコミューン（市）によって構成されている。県は、スウェーデン語で「ランスティング（Landsting）」と呼ばれ、主に医療行政を担っている。拙著『スウェーデンの分権社会』（新評論）二四一ページ以下を参照。

企業とサイエンスパーク

ユピテル（**全体図7番**）の脇から港に突き出した場所を、他のエリアと区別して「リンドホルメン港地区（lindholmshamnen）」と呼んでいる。一九八〇年ごろまで、リンドホルメン港はボルボの積み出し港であった。そこから、大きな輸送船によってアメリカやほかの国々に向けて大量の車が運ばれていた。しかし、港湾機能が河口付近に移転するとともに、ここも忘れられた地域になっていた。

あえてこの地域をリンドホルメン地区全体から分けて説明するのは、写真（八六ページ）で見る通り、エリクソン株式会社のＩＴセンターの立地などのように大きな変化が起きているからである。いまはひっきりなしに大型トラックが行き来し、急ピッチで建築工事が進んでおり、近々ここは大きな変貌を遂げることになる。つまり、波戸場の景観をもち、港の香りを漂わせたサイエンスパークの出現が予定されているのである。

この港の広く平らな空地は、ヨータ川に面した好適地である。一九九九年、ヨーテボリ市とシャルマー工科大学、ヨーテボリ大学は、リンドホルメン地区にサイエンスパークを造ることを決定した。サイエンスパークは知識産業の苗床であり、企業の成長を後押しするインキュベーターである。二つの大学は、技術面、職業面での企業発展をサポートする。その第一ステップとして、大学とこの地に立地する企業との共同企業づくりが始められた。この目的は、地域内での産学に

建設中のサイエンスパーク（2002年5月）

よる緊密なネットワークを築くことである。必要なときに必要な支援が的確に行われるためには相互の真摯な議論が大切であり、両者の接触機会をいかに多くつくれるかがキーとなってくる。

ヨーテボリ市は、新たな都市マスタープラン（第4章第1節）に基づき、サイエンスパークに必要なインフラ整備を着実に行っている。リンドホルム港地区は、リンドホルムインターチェンジ（Lindholmsmotet）によって北側を走るルンドビィハイウェーと連結している。このインターチェンジに接続して造られた新たな街路（リンドホルム並木通り）にはたくさんの菩提樹が配置され、歩行者と自転車道との分離とともに公園や広場があちこちに造られた（詳しくは、第4章第3節を参照）。

リンドホルメン港地区には、二つのエリアが

エリクソンのＩＴセンター

予定されている。一つは北側に計画されている居住地域であり、もう一つは南側部分で建設が進められているビジネス街である。両者は、機能的にこの地域の質を高めていく。休日には人が誰もいなくなるようなオフィス街と違って、住宅とビジネスの混在はその地域を生き生きと活発なものにするとの考えからである。

川からの眺めや新しく掘られた運河が、地域の魅力をより高めていく。いま、再開発の槌音は南側のビジネス地区から始まっている。それでは、ここに立地する予定の企業を紹介していこう。

真っ先に挙げなくてはならないのがエリクソンのＩＴセンター（**全体図９番**）である。エリクソンは、日本でもよく知られているスウェーデンを代表する電気メーカーである。モバイルデザインに関する核心的なオフィスをここに設置し、大学との連携のもと、次世代携帯電話の研究と開発を行うことになっている。延べ床面積三万五〇〇〇平方メートルのところに一二〇〇人の研究者が働く。ビルディングの壁面は明るいカラーで、ガラス構造である。港の先端部分に立地し、ヨータ川にその姿を映している。

シグマ（Sigma、**全体図10番**）は、延べ床面積一万五〇〇〇平方メートルのモバイル通信関連企業の共同オフィスとなる。このほかにセムコン、カラン、テレカ、エプシロン、ワイヤレスカー、ビィクター、ハッセルブラードなど、近年めざましく成長を続けている企業がここに集結する。

特筆すべきはナーベット（Nabetn、**全体図12番**）である。ここは、リンドホルメン港地区のサイエンスパークを形づくる中心的な建物である。この建物の中には店舗やレストランが配置され、また商談や会議のためのレセプションルームや研究結果を発表するためのホール、新たに起業するための人用に貸し事務所のスペースがある。これらはすべては、入居企業の便宜を図るためのものである。ナーベットの事務所は、創設したての企業からの相談を受け付け、必要な研究機関、大学への橋渡しも行うことになっている。また随時、サイエンスパークに入居している企業のための商談会やセミナーの開催、新製品の展示なども行う。これらの運営と建物の維持管理の一切は、地域の開発を手がけてきたノラエルブストランデン開発株式会社が責任をもっている。

6 ―ルンドビィストランド地区（Lundbystrand）

ルンドビィストランド地区は、すべての港地区の中でもっとも造船所時代の雰囲気を残す所である。修理専用の造船所（Cityvarvet）はいまだに活発な作業を続けているし、二つの浮いているドック、独特なクレーンが往事の姿を思い出させる。

ルンドビィストランド地区へ向かうには、フェリーを使うのが便利である。フェリーは、エリクスベリ地区のところで紹介したリラボメン波止場から一〇分ほどで私たちを目的地に運んでくれる。ルンドビィストランド地区は、この地域のランドマークであるランベリエット（Ramberget）山の麓にあり、リンドホルメン地区と境を接し、フリーハムネン地区からフェリエネース地区に至る工業専用の貨物で結ばれている。ここは工業専用地域であり、居住エリアはない。いまだに造船所時代からのたくさんの建物があちこちに点在しており、一つ一つの建物は非常に大きくて黒っぽい。

唯一残っている修理専門の造船所

このあたりの川幅は広く、北側に向かって大きくカ

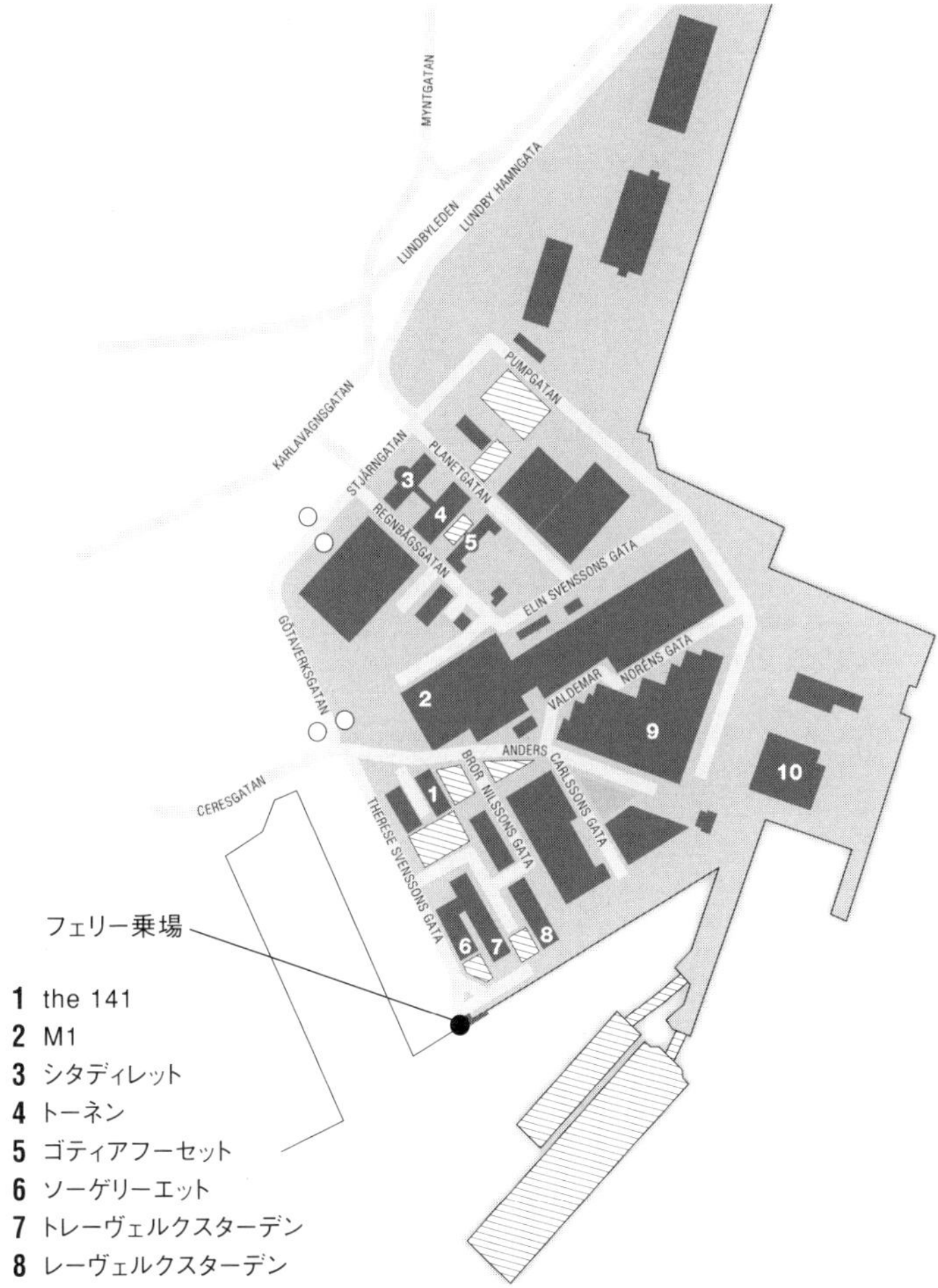

図2―11　ルンドビィストランド地区全体図
（出典：Norra Älvstranden The Guide）

ーブしている。工場の点在する場所からヨータ川を見ると、まるで湖のように閉じられた丸い水面が光って見える。

ノラエルブストランデンの将来模型

二〇〇二年五月、私はヨーテボリ市企画室長のハンス・アンデル氏の車で、ノラエルブストランデン開発株式会社のインフォメーションセンターに案内していただいた。駐車場で降りると、太陽の光でよりいっそうM１（**全体図２番**）の建物が大きく黒っぽく見える。ブルドザーがうなりを上げ、あちこちで街路整備のための工事が続いている。

ノラエルブストランデン開発株式会社で情報担当をしているヨハン・エクマン氏（Mr. Johan Ekman）が私を迎えた。インフォメーションセンターには、ノラエルブストランデンの将来像をまとめた大きな模型がある。すでに建設の終了した建物には色彩が施され、これから立ち上がる構想段階のものには白い色が塗られている。センター内のテーブルに座り、道路計画やこの地区の将来像などについて詳細な説明をうかがう。その後、この地域の開発を一手に引き受けているノラエルブストランデン開発株式会社の入居するM1を訪ねる。ここにも、建設中のエリクソンのITセンターなど、リンドホルメン港地区の将来模型が置かれていた。

リンドホルメン港地区の将来模型

多様な企業の集積

エクマン氏は、ルンドビィストランド地区の現況について次のように説明された。

「ルンドビィストランド地区にある建物の多くは、いまでこそヨーテボリ市の大切な産業遺産として登録されていますが、造船所が華やかりしころは鉄板や細かな部品を多数つくっていました。いま、産業遺産として登録されている建物のほとんどがそういった工場だったんです。いまになると随分と昔のことのように思いますが、一九六四年、ヨータヴェルケン造船会社は世界四大造船所の一つになりました。そのころ私は、経済はどんどん良くなると思っていましたし、この地域もさらなる発展をしていくものと確信していました。ですが皮肉なことに、そのすぐあとにオイルショックが起こり、造船業の再編が進みました。その結果、この地域の造船所は軒並み倒産して歴史から消えていきました。この地域にある造船所の活動にかかわりのあったほかの企業もうまくいかなくなり、いくつかの企業は廃業しました。ようやく一九八〇年代の終わりころから、ノラエルブストランデン開発株式会社やヨーテボリ市の努力により、ルンドビィストランド地区で細々と経営を続けてきた企業を中心に新たなビジネスを確立するための努力が始まりました」

エクマン氏自身が造船所の経営に携わり、その後、ノラエルブストランデン開発株式会社においてこの地区の戦略を組み立てる立場にあるため、彼の発する一言、一言が重い。

「私たちは、ここにある古い建物の大半について、これまでの形状を生かしながらも現代的なオフィスへと改造しました。IT時代に対応できるよう通信回線など新たな機能を付加し、また快適に作業できるようオフィスの形態も修復を施しました。現在、一三五の企業がここに立地し、二〇〇〇人が働いています。

ボルボ技術開発（Volvo Teknisk Utveckling AB）は『M1』という古い建物を借り、延べ床面積五〇〇〇平方メートルの内部施設に手を加えて操業を始めました。同じく『シタディレット（Citadellet）』という建物も借り上げ、また『ガリオネン（Galjonen）』という建物にボルボ・ビジネスセンターを造りました。造船業の危機があった時代から生き残った企業として、ヨータヴェルケン・シティヴェルベット（Götaverken Cityvarvet AB）、ヨータヴェルケン・モーター（Götaverken Motor）、ヨータヴェルケン・エナジー（Götaverken Energi）、ヨータヴェルケン・ミロ（Götaverken Miljo）、シサーブ（Ciserv AB）などがあります。いずれも、造船に必要な部品をつくってきた企業です。現在は造船だけでなく、技術力を生かしてコンピュータ部品など精密部品の研究開発や試作品づくりを手がけています。

このほかにも、シグマをはじめ、ワイヤレスカー（Wireless Car）、ベアーコム（Bearcom）、シンプロ（Sinpro）、オウティック・システマンド・アーキティビィテン（Autic Systemand Aktiviteten）などのIT関連の企業が立地しています」

以上のように全体像を説明したあとに、次のように言葉を続けた。

「造船業が終焉を迎えた後、最初にここに移ってきた企業の一つにアデテク（ADTEC AB）があります。有害物を取り除く熱交換機の開発を目的に、一九八五年に創設された企業です。その後、急成長を遂げ、他国の企業にも特許を売るようになりました。現在、この企業はメグテクシステム（MEGTECsystem AB）と呼ばれ、『トレーベルクスターデン（Trävergstaden）』という建物を使って操業しています。つい最近、アメリカ資本のセクア（Sequa Corporation）という会社の傘下に入りましたが、一五〇億クローネの売り上げを誇っています」

建物群の紹介

まず初めに、ヨータ川とは反対側にある二つの建物にご案内する。一つはシタディィレット（**全体図3番**）である。これは、延べ床面積が九六六七平方メートルの八階建ての大きなビルディングである。一九六〇年に建築され、一九八八年から二年近くをかけて改築が行われた。外壁に沿って部屋が並び、中央部にはオープンスペースがある。ビルへの入り口であるオープンスペースの吹き抜け部分は、この建物に独得の雰囲気を与えている。

次は、トーネン（**Tornen**、**全体図4番**）である。ほかの建物と異なり改築により再使用を行うものでなく、一九九〇年にこの地域で初めて新たに建築されたものである。延床面積は一万二五〇〇平方メートルであり、シタディレットとゴティアフーセット（**Gothiahuset**、**全体図5番**）の二つの修復された建物の間にある。二棟七階建ての四角い建物は、隣にあるシタディレットとガラスでできた通路でつながっている。

the 141

今度は、南西部分にある二つの建物を紹介しよう。第一は**The 141**（**全体図1番**）で、延べ床面積は二二〇〇平方メートルである。この建物は一九五四年に建築されたもので、長らくここで電機部品がつくられていた。この建物は一九九一年から二年程度の時間をかけて修復され、それ以後、彫刻の展示やデザインフェアー、高等学校の学生たちの発表の場として使われてきた。

次はトレーヴェルクスターデン・アンド・ソーゲリエット（Träverkstaden and Sageriet、**全体図7番、6番**）である。これは、延床面積六八四〇平方メートルの二棟の古い建物（一九二九年建築）で、造船所の時代には製材工場として使われていた。一九九二年に事務所やスタジオとして修復された。これは、小さな建物と大きな建物が二つ連結した珍しい形態となっており、小さいほうがソーゲリエットで、この中にはレストランもある。

最後に、まん中にある二つの大きな建物を紹介しよう。

まず最初に紹介するルンドビィストランドハレン（LundbyStranshallen、**全体図9番**）は一九四九年に建設されたもので、かつては船の板金をつくる工場であった。延床面積は一四〇〇〇平方メートルである。一九六〇年代になると、技術革新により板金づくりは光学的な技術を使用するようになった。しかし、この工場は昔ながらの設備しかなく、新たな技術革新に対応することができなかった。それがゆえに工場は廃業の憂き目にあい、その後、建物は倉庫として使われてきた。一九九五年に改築されてからは、現在では五つのハンドボール場をもったスポーツセンターとして使われている。

もう一つは、先ほども紹介したM1である。一九四五年に建築されたこの建物は、もともと造船機械のための工場であった。延べ床面積一万平方メートルのこの建物は、二〇〇〇年に改築されたあと、ノラエルブストランデン開発株式会社やボルボ技術開発株式会社が事務所として使っている。現在は新しい階段も取り付けられ、幅広い建物の脇には吹き抜けと玄関も併設された。

7―フリーハムネン地区（Frihamnen）

ヨータエルブ橋の眼下に広がるのがフリーハムネン地区である。現在でもノラエルブストランデン唯一の外国貿易用の港であり、いまだに雑然とした港の雰囲気を残す場所である。鉄道が貨物を運び、クレーンが忙しく積荷をさばいている。ここには、独自の貨物用レールが敷かれている。またそれだけでなく、積み入れ、積み下ろしのための二〇体のガントリークレーンが設置されている。

フリーハムネン地区に行くには、ヨーテボリ駅前から②④⑤番の路面電車（ＬＲＴ）を使えばすぐである。ヨータエルブ橋を渡って左折すればこの地区に至る。

新たな港の要求

ここはノラエルブストランデンの一番東側にあり、かつてはアシやヨシのいっぱい生えている土地だった。二〇世紀初め、葦原はきれいに刈り取られて土地は平らに整備され、ヴィルヘルムスベリ（Wilhelmsberg）とキッレバッケン（Quillebacken）という小さな機械工場がここに立地した。操業は順調に行われていたが、ヨーテボリ市の港湾計画に基づいてこの地域からの移転を余儀なくされた。港の建設にあたっては、周辺にあるすべての建物は取り壊された。そして、一

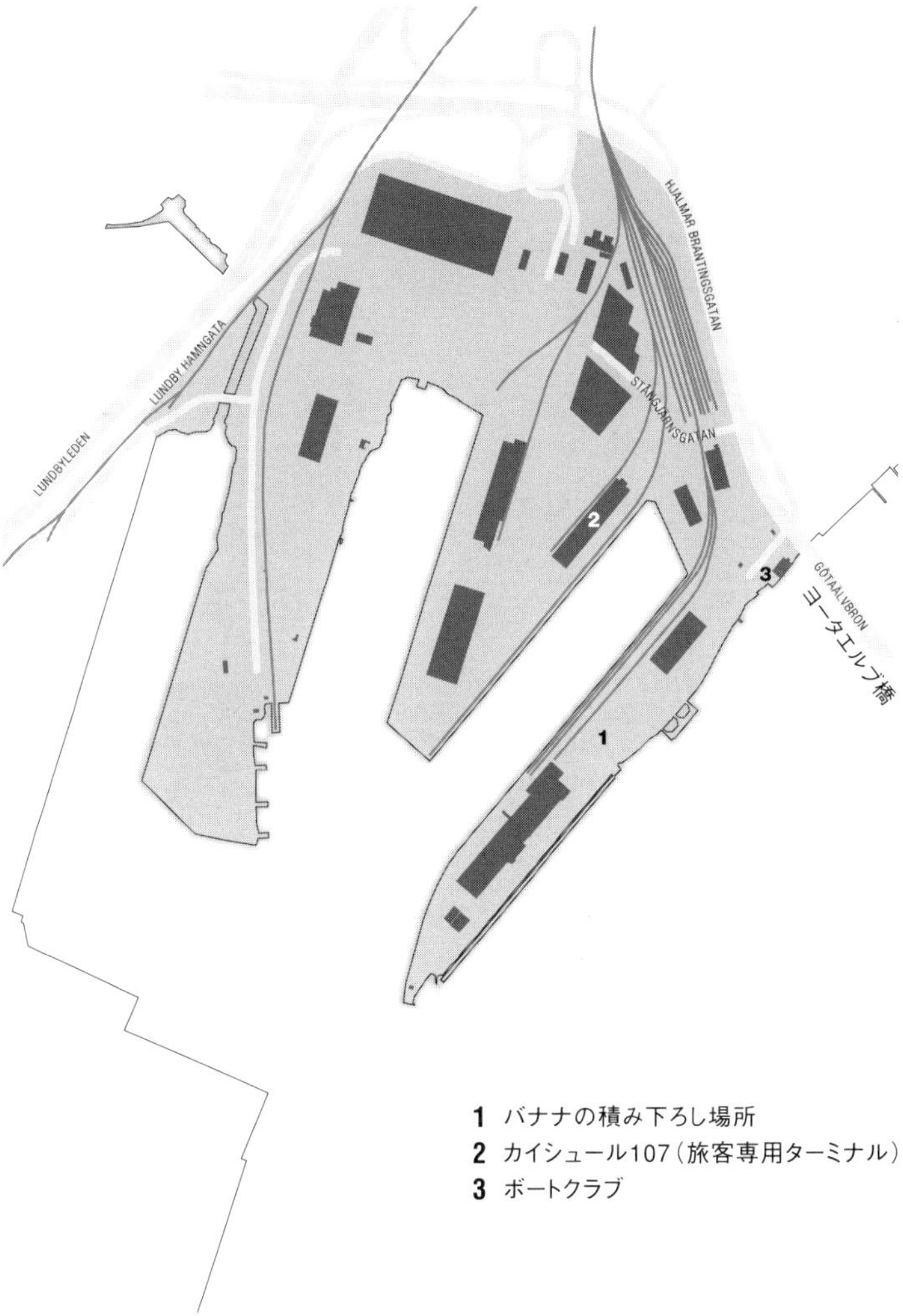

図2−12　フリーハムネン地区全体図
（出典：Norra Älvstranden The Guide）

九二二年、フリーハムネン地区はヨーテボリ市における最初の外国貿易用の港になった。

バナナの場所

フリーハムネン地区の港は、スウェーデンで唯一、外国からバナナを直接に輸入する港である。二〇万トンものバナナが一九九九年にこの港で取り扱われた。この数字は、毎週外国からバナナを積んだ二隻の大型船が港に入ってくる勘定になる。バナナは特別なトレーラーに積み下ろされ、倉庫に保管されたあと貨車に積み込まれる。長い間にわたって、この港からたくさんのバナナがスウェーデン国内および北欧のほかの地域に貨物輸送されてきた。

一人当たりのバナナの消費量は、スウェーデンが世界一といわれている。各人が平均して毎年約二〇キログラムのバナナを食べることもあって、ヨーテボリ市民にとって、バナナの積み下ろし場はフリーハムネン港の象徴であった。しかし、輸送効率の向上や保管の容易さから、バナナの積み下ろしはずっと河口にあるスカンディアハムネン港（Scandia hamnen harbor）に移転されることとなった。

このような移転はバナナだけでなく、ほかの生産物の輸出入もずっと河口の港に移りつつある。いつの日か、フリーハムネン港は外国貿易港としての役割を終えることになるのかもしれない。

旅客ターミナルとして

フリーハムネン港に最近完成した新たな乗船場カイシュール・107（Kajskjul 107、**全体図2番**）は、一九四四年に建設された古い倉庫を改造したものである。これは、イングランドとヨーテボリを結ぶ船の旅客専用ターミナルである。現在、建物の半分が待合場として使われ、残りの半分は船会社の事務所として使われている。また、スカディナビィアン・シーウエー株式会社（Scandinavian Seaway）もフリーハムネンの港にノルウェー行きの船着場を造ることを決め、二〇〇一年五月には自動車と乗船客のためのターミナルを建設した。

このように、これまでの外国貿易港の姿からフリーハムネン港は旅客ターミナルとしての新たな顔をもち始めている。ヨーテボリ市の中心部からも近く、建設中の道路が整備されればこの地域の優位性が高まるからである。

フリーハムネン港

陶磁器の工場

ここには、三〇近い企業が立地している。また、新たにこの地区に移転する企業も多い。たとえば、カメラで世界的に有名なハッセルブラード株式会社（Hasselblad）はヨーテボリ市の中心部にヘッドオフィスをかかえていたが、研究開発や試作品づくりのための立地条件の良さを考えて、二〇〇三年に現在の場所からフリーハムネン地区に移転してきた（一五一ページの写真参照）。

もちろん、逆にこの地から消えていく工場もある。ルンドビィストランド港に近接して、シモンスワーツ（Simon Swarts）という会社が一八九八年に陶磁器と装飾品の工場を造った。その後、レールストランド（Rörstrand）という企業がその工場を買い取り、六〇〇人の従業員を雇って陶磁器をつくってきた。一九四一年に操業が中止されてからは、この建物はさまざまな企業が一時的に借りては操業を試みてきた。二〇〇〇年一二月、市の企画委員会と建築計画委員会は、伝統あるこの古い陶磁器の工場を壊すことを決定した。交通アクセスのために必要な種地《たねち》とするためである。

二〇〇一年五月、更地となった工場跡地の前で新たな道路造りが始まった。ブルドーザーが土を削り、トラックがひっきりなしに往来している。ノラエルブストランデンへのアクセスを容易にするための道路造りである。二〇〇二年七月、この道は「リンドホルム並木通り」（第4章二〇六ページ以下を参照）と呼ばれるようになり、自動車とともに歩道と自転車道も整備され、豊かな街路樹が人々の目を楽しませるようになった。

記憶の中に当時の建物の姿を残しながら、少しずつ状況は変わっていく。公的な輸送ネットワークがノラエルブストランデンの拠点を結び、バス、路面電車（ＬＲＴ）、車、自転車、人のスムーズな移動が可能となっていく。そして、そこに新たなフリーハムネン地区が現れる。

以上、西から東へとノラエルブストランデンの現況を紹介した。歴史や文化、産業遺産の探訪をしながら、この地区への興味は増しただろうか。次の章では、いよいよノラエルブストランデンの破綻とその再生の物語を、一九七五年から現代に至るまでの経緯を交じえて詳しく説明していくことにする。

第3章

混迷の時代から希望へ

~一九七五年から二〇〇〇年に至る二五年間を振り返る

「クライシス」（危機、英：crisis、スウェーデン語：kris）という言葉は、ギリシャ語の「決定・決断」という意味の言葉である「クリシス（krisis）」に由来している。危機にあたり、組織や人は大いなる決断を迫られる。危機を大きなチャンスとしてとらえて新たな展開を図れるか、危機の中で自らの力のなさを嘆き組織内の問題をあげつらうことになるか……大いなる危機のときにこそ、その組織のもつ力量やその人の奥深さが確かめられる。

造船業の破綻、地域経済の危機に直面し、ノラエルブストランデンはそれをどう克服してきたのか。そのためにどのような努力が求められ、どのような変容を迫られたのか。二五年間という長い期間にわたる熟慮とそれに基づく実行、そして試行錯誤の繰り返しの中でノラエルブストランデンは、それぞれの時代ごとにもっともよい発展の方向性を描いていった。各時点ごとの躊躇、努力、期待は、大きな歴史の流れの中で一つの織物のように紡がれ束ねられていった。

さまざまな苦闘の末、ノラエルブストランデンが最終的にたどり着いた地平は、「知識集約型産業を基軸とした、人間生活の場としての都市再生」という理念である。それによってこの地区は、住み、働き、学び、余暇を楽しむ場所、「人間のための都市」として再生された。そのための核は、エリクソンなどのＩＴ産業の集積とシャルマー工科大学、ヨーテボリ大学、各種研究機関、高校教育との密接な連携である。

知識集約型産業の集積は、意図しなければ行われない。しかも、それは社会全体の文化水準や教育環境に左右されるところが大きい。つまり、ひと握りの優秀な人が生まれても長続きはせずに、一人ひとりの市民が高い教育に触れあえる機会があって初めて多様な優れた人材が輩出される。そのためにも、機能的な美しい住宅群と気軽に触れることのできる芸術作品の整備など、総合的なまちづくりの手腕が試されることになる。

ノラエルブストランデンは、これまで育んできた造船業などの伝統を継承し、ものづくり文化の歴史のうえに立ってこの地域から大きな波動を巻き起こそうとしている。求めるものは、人間が人間として働き、尊重しあって学びあう空間である。

まず初めに、オイルショック後の一九七五年から二〇〇〇年までのノラエルブストランデンの変遷を、五年ごとにまとめ駆け足でたどってみよう。その後に、もう少し詳しくこの地域の変遷を探っていくこととする。ここでは、時代の波に揺れ動きながらも、着実に発展してきたこの地域の姿が如実に現れてくる。なお、この二五年間を概観するために次の三つを基本的な視点とした。

❶スウェーデン自治体の憲法ともいうべき「都市マスタープラン」が二度にわたって改訂されてきたこと——**計画の変遷**。

❷さまざまな変遷はあるにせよ、開発を実践する主体が中央政府からヨーテボリ市およびヨーテボリ市の出資する公営企業に移っていった点——**アクターの変化**。

❸造船所を中心とする工業地域から、「知識集約型産業を基軸とした、人間生活の場としての都市」に向けてたくさんの試みが行われてきた点——**時代ごとの施策**。

第1期は一九七五年から一九八〇年の五年間であり、必死になって工場を呼び戻そうとした時代である。

ヨーテボリの中心部にあるノラエルブストランデンの二五〇ヘクタールの地域に、産業の空洞化が始まる。この時代、多くの造船所が倒産および閉鎖され、ヨーテボリ市域だけでも一万五〇〇〇人から二万人の雇用が失われた。造船業の救済を行うために、スウェーデン政府は国営企業スウェードヤード株式会社（Swadeyardcorp）を創設して、各企業の株を引き受けることになった。

このような困難な時代状況の中、スウェードヤード株式会社は新たな都市再生のビジョンを提起した。それは、河口付近に移っていった大型工場やエネルギーに関連する産業群を、再度ノラエルブストランデンに呼び戻すことを目的とするものであった。なぜなら、当時の都市マスタープラン（第1期）は、この地域の大半を工業専用地域と規定し、住宅や商業施設などが入り込むことを禁じていたからである。そこで、都市マスタープランの許容する範囲で可能な方向を考え、製造業の呼び戻しによる雇用回復を求めたのである。

ヨーテボリ市もまた、工業再生のために新たな調査機関であるプロジェクト・リンドホルメン株式会社（Project Lindholmen AB）を創設した。当機関はリンドホルメン地区にある造船所の建物を使い、地域活性化に向けた活動を開始した。そして、中央政府から六〇〇〇万クローネの補助を受け、古い工場のスペースを利用して労働災害に関する研究と訓練のための施設を造ることを決めた。中央政府、地方自治体、企業が連携してこのプロジェクトは進められたわけだが、これは、この地域の工業再生を図ろうとする、大きな流れに抗したささやかな動きであった。スウェードヤード株式会社は、造船業の近代化や港湾機能の自己革新のために必死の努力を続けたが、時代の荒波はあまりに大きく、造船所の経営合理化も工場を呼び戻すことも困難をきわめた。

第2期は一九八〇年から一九八五年であり、新たな方向性を探るための具体的な提案の提示と失敗が続く時代である。

この時期、早くも造船所特有の雰囲気をうまく活用した、ウォーターフロント地区としての再開発が志向された。国営企業スウェードヤード株式会社が、かつての造船所の跡地を引き受けて新たな開発を行おうとするものである。もしも、住宅群やオフィス群の建設がここで始まるのなら、大量の建設労働者が数十年間にわたって仕事を得ることになる。

具体的な提案としては、一九八二年、スウェードヤード株式会社によってまとめられた「エリクスベリ85（Eriksberg '85）」計画がある。これは、エリクスベリ地区をモダンな住宅群にしようとするものである。これまで使われてきた建物群の一部を再利用し、一部を建て替えることで良好な住宅を提供しようとしたものである。

しかしこの計画は、中央政府が進めてきた「一〇〇万戸計画」と矛盾することが明らかだった。

これまで中央政府は市民の住宅不足に対応すべく一〇〇万戸の建設を決定し、多くの住宅建設を行ってきた。ヨーテボリ市の郊外にもすでに多数の住宅が建てられており、数千個の住宅群が空家のままで残っていた。いかに「エリクスベリ85」が魅力的な計画であったとはいえ、ヨーテボリ市はエリクスベリ地区に新たな住宅群を建設するという計画を了承するわけにはいかなかった。

第3期は一九八五年から一九九〇年であり、これまでの都市マスタープランの改訂に新たな一歩を踏み出した時代である。

ヨーテボリ市は新たな方向性を探るべく、都市マスタープラン（第2期）の策定を行うことを決定した。この時代、ノラエルブストランデンの大半は工業専用地域として指定されたままであり、いまようやく、住宅群やビジネスなど複合的な都市プランへの検討が開始された。計画づくりの第一歩は、この地域を広く市民に宣伝することであり、多くの市民をこの地域に招き、広範な議論を巻き起こすことであった。新たにつくられた国営企業エリクスベリ開発株式会社はロックコンサートなどを開催して、ヨーテボリ市民の注目を集めるべく努力を傾注した。また、国営企業の取締役は、ヨーテボリ市に対して一刻も早く土地利用の転換が可能となるよう計画策定の促進を求めた。

このような要請を受け、新たな都市マスタープラン（第2期）は一九九〇年に市議会の承認を得て完成した。これは、ノラエルブストランデンを複合市街地とするものであり、時代状況の変化に計画自体を適合させようという努力の結果であった。

都市マスタープランの改訂とともに、新たな地区詳細計画もまとめられた。たとえばエリクスベリ地区では、新たな住宅群、ホテル、展示会場などの建設が決まった。六四万平方メートルの地域に二二〇〇〇戸の住宅と四〇〇〇〇人の雇用を生み出す地域をつくり、親しみあふれる都市（フレンドリーシティー）としてのビジョンが描かれた。もちろん、このほかの地域でも新たな動きが始まった。

第4期は一九九〇年から一九九五年であり、バブル経済の崩壊により順調に進むと見られた地域の発展にブレーキがかかった時代である。

ただし、こういった困難の中でもいくつかの着実な進展があった。第一は、ノラエルブストランデンと市の中心部を結ぶ新たなフェリーの竣工である。第二は、エリクスベリ地区での、ブローハレンやエリクスベリハレンなどの港に残された建物を利用して展示会やミュージカルが続々と行われたことである。第三は、サンネゴーデン地区において複合的なコンソーシアムが造られたことである。第四は、リンドホルメン地区で新たな高校が創設され、またシャルマー工科大学の社会人向け教育コースが開講されたことである。第五は、ルンドビィストランド地区で工場の改築により、新たな事務スペースや研究機関の整備が徐々に進められたことである。

この時代の努力が、バブル経済を脱したあとに大きく羽ばたくこととなる。このような新たな動きが、ＩＴを核とする知識集約型産業を少しずつ呼び寄せていった。

第5期は一九九五年から二〇〇〇年であり、都市マスタープランの改訂を経て「人間のための都市」というコンセプトに到達した時代である。

ヨーテボリ市の公営企業ノラエルブストランデン開発株式会社がつくられ、この地域の全体の再開発に責任をもつこととなった。この会社は、国の有していたこの地域の開発専門会社を吸収するとともに、土地交換などを通じてノラエルブストランデンの主要な土地を取得していった。この時点で、まちづくりの主役は中央政府から地方へと完全に移っていった。

このような状況変化のもと、三度目の都市マスタープラン（第3期）がつくられた。今回のビジョンは、世界的な企業を生み出すためのクラスターをここに位置づけようとするものであった。先駆的な知識集約型産業群を集積し、産業構造の大幅な転換を求めるものであり、ノラエルブストランデンを「職・住・遊」が一体化した「人間のための都市」として再生しようとするものである。

エリクスベリ地区で再開発が始まり、リンドホルメン地区でもサイエンスパークの建設計画が開始された。ＩＴ大学の建設も決定され、知識集約型産業群と大学・研究機関との連携が明らかな流れとなった。

以上、駆け足で二五年間の動きをたどったが、各時代を通じて模索されてきたことは、ノラエルブストランデンにふさわしい「まちづくり」の方向性や理念とは何かということである。それは決して借り物ではなく、この地域独自の歴史や文化に根ざすものであり、この二五年間はそれを見いだすための長い旅路だったのかもしれない。今日、ノラエルブストランデンは、企業、大学、先端企業との特別の連携のもとに大いなる発展が約束されている。

これまでのことから私たちが学ぶことは、時代制約の中にあっても将来を見通し、積極的なチャレンジを果敢に行う地域のみが都市発展の可能性を明確な形にできるということである。そのためにも、地域の特性を知りつくした地元自治体や企業、大学が密接な連携を図り、すべての力を傾注して地域のもつポテンシャルを最大限に引き出すしていくことが求められる。このことに、すべてはかかっているように思う。

そして、もっとも大切なことは何を目的として何のために実行するかである。再開発にしても、修復型のまちづくりにしても、それは手段であり手法にすぎない。グローバルな市場経済の中で分断された生活の場と労働の場を融合し、人間が人間として生きることのできる街を築く、そのこと自体が目的でなければ意味がないし、そのための都市創造である。

さて、以下において、これまでの二五年間を詳しくたどってみることにする。なお、読者みなさんの便宜のために、各時代の最初のページに各時代ごとの特徴的な動きをノラエルブストランデンの地図とともに掲げておくこととする。

——造船所閉鎖への対応（1975年～1980年）

■造船所閉鎖後も多くの造船関連の企業が群居していた。こういった企業をベースとして、多数の企業をこの地へ呼び戻すための努力が続く。

■造船所は閉鎖されたが、現在も船の修理を専門とした活動が続いている。

1978　1979　1980

国と市の合意に基づき、政府の補助を得て研究機関を設立することが決まる。

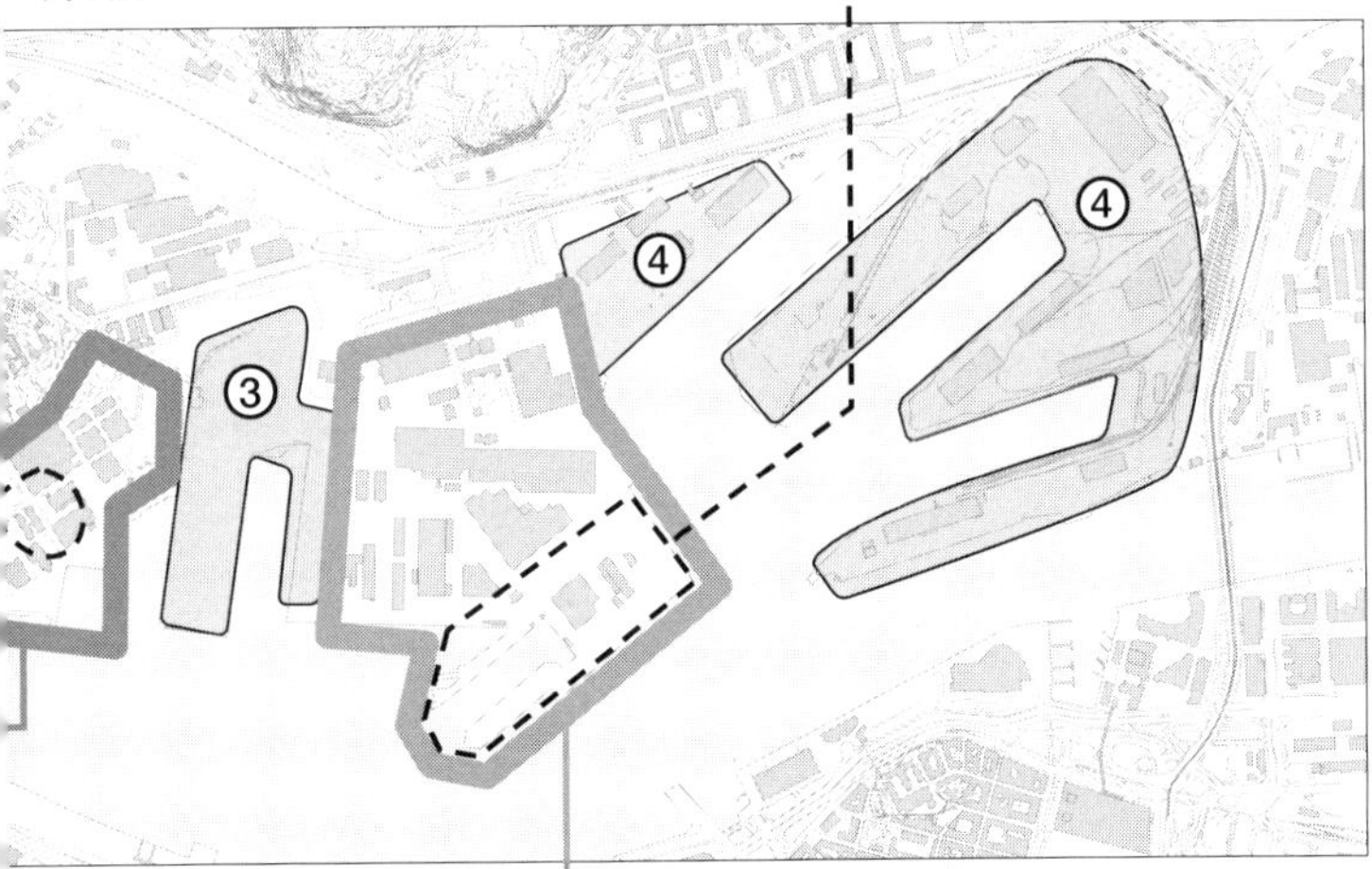

（出典：Norra Älvstranden The Process）

ヨータヴェルケン地区
ここにあった老舗の造船所は、すでに河口付近に生産設備のほとんどを移築した。

ている。③リンドホルメン地区では、アメリカに向けてボルボの新しい車の輸出が行われている。④ルンドビィ地区やフリーハムネン地区では、いまだ港湾機能が残っており、バナナの輸入港としても使われている。

第1期　工業を呼び戻すことはできるか

■造船業の危機は現実のものとなり、相次いで造船所が倒産し閉鎖された。ヨーテボリ市だけでも、15,000人～20,000人の職が失われた。

■ヨーテボリ市と中央政府の合意に基づき「プロジェクト・リンドホルメン株式会社」が誕生する

1975　造船業の倒産が始まる。

1976

1977　ノラエルブストランデンで造られた最後の船が進水する。

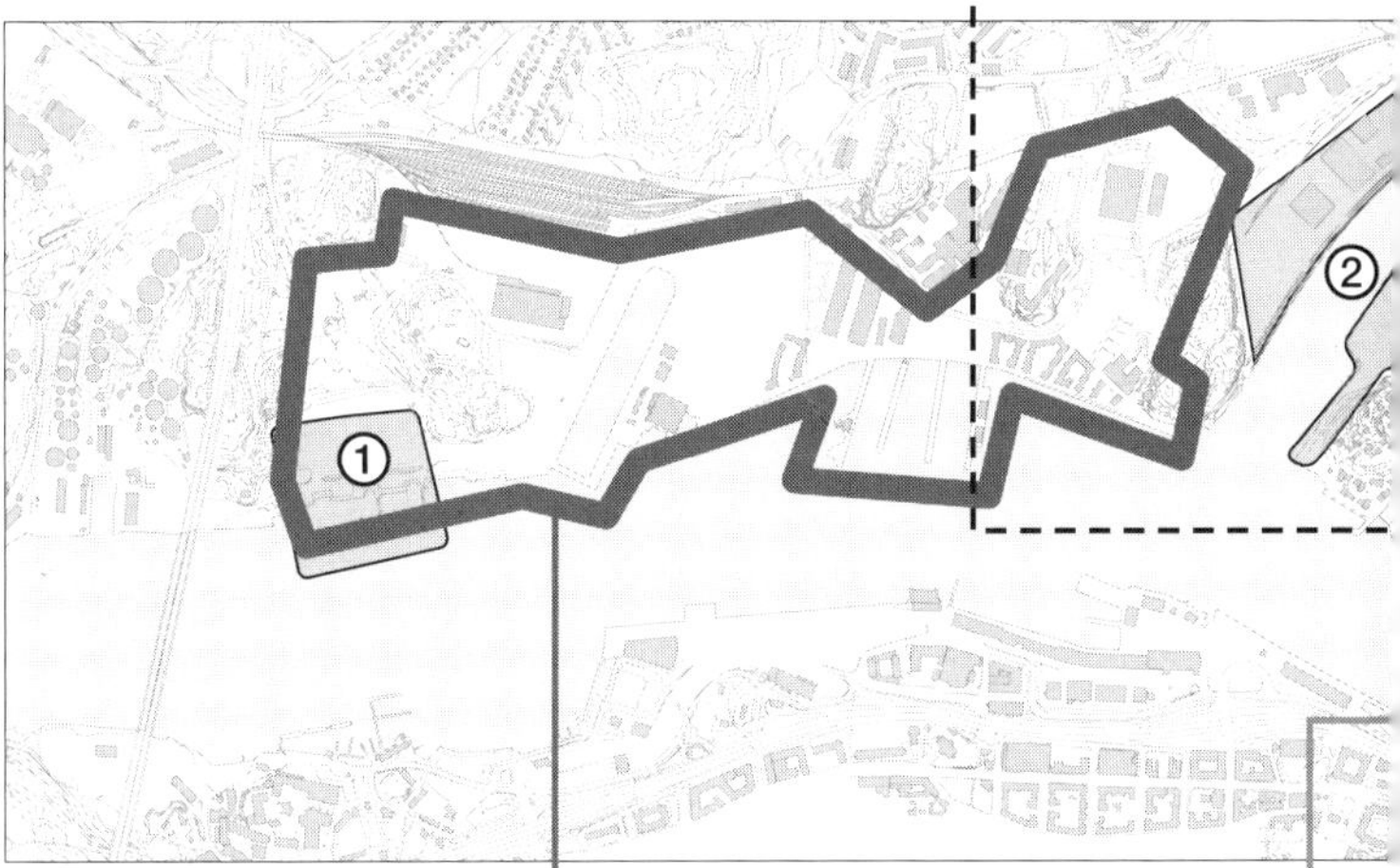

エリクスベリ地区
1979年、この地区にあった三つの造船所が閉鎖された。

リンドホルメン地区
この地域で、最初に造船所が閉鎖された場所である。市と国は、残された建物を修繕して賃貸することで新たな産業を誘致することを決めた。

川岸に沿って（港湾機能）――この時代、規模は小さくなったとはいえ、港の機能はいまだに残っていた。①フェリエネースの港では昔から木材を取り扱ってきた。②サンネゴーデン地区では木炭や岩塩の輸入を行っ

1 第1期 工業を呼び戻すことはできるか
――造船所閉鎖への対応（一九七五年～一九八〇年）

スウェーデン造船業の破綻

オイルショック後、予想された造船不況が世界中の造船所を襲った。スウェーデンでも、一九七五年から一九八〇年にかけて造船業の危機は現実のものとなり、相次いで造船所が倒産し閉鎖された。

一九七七年、スウェーデン中央政府は国営企業スウェードヤード株式会社を創設し、造船所の救済に乗り出した。手はじめに、ヨーテボリにある最大のヨータヴェルケン造船所を実質的に国有化し、続いてリンドホルメン地区やエリクスベリ地区の造船所も取得した。二年後の一九七九年には、マルメやカールスクローナにあった巨大な造船所であるコックムス・メカニスカ（kockums Mekaniska Verstads AB）などが財政的な困難に陥り、国営企業スウェードヤード株式会社の傘下となった。スウェーデンにおける造船業がどの程度衰退していったかは、当時造られた船のトン数によって理解することができる。つまり、一九七五年に二六〇万トンの数量を誇っていたスウェーデンの造船業は、五年後の一九八〇年には三〇万トンへと急激にその数量を減らしたわけである。

国営企業スウェードヤード株式会社の最初の仕事は、造船業の近代化による経営合理化を進めることであった。現代的な造船所への転換を図り、造船業の生きていく道を模索した。造船業の復活に向けて、中央政府は実質的な補助を行った。この時代において造船業のために投資された補助額は一九六〇億クローネであり、これはスウェーデンの全産業補助金の三分の一にあたる。しかし、そういった努力にもかかわらず造船業が好転する機会はなく、スウェーデンの造船所は軒並み閉鎖されていった。ヨーテボリにおいてもほとんどの造船所が閉鎖され、失業した人々を採用する新たな企業を見いだすのは難しかった。

ヨータヴェルケン造船所は新たな生産設備を河口近くのアレンダル地区（Arendal）に移し、石油備蓄を主要な業務として操業を続けることとなった。ヨータヴェルケン造船所の一部は、ヨータヴェルケンシティヴェルベット地区（Götaverkencityvarevet、のちにルンドビィストランド地区に改名）に残され、ここでの造船業は終了したが、現在まで船の修理を専門として活動が続けられており二〇〇〇人の雇用が守られている。

ヨータヴェルケンシティヴェルベット地区には造船所閉鎖後も多くの造船関連の企業が群居しており、その地域で細々と修理など造船関連の事業が続けられていた。そういった企業が残っているにもかかわらず、大半の建物は使われることはなく取り残され、人の姿もほとんど見られなくなっていった。これは、エリクスベリ地区でもリンドホルメン地区でも同じであった。それゆえに、国営企業スウェードヤード株式会社はその地域を新たな工業化のための苗床とすべく、地域の魅力を引き出すための努力を開始する。

港湾機能の自己革新は可能か

造船業の廃業にともない、実質的に一万五〇〇〇人から二万人近い職が失われた。巨大な造船所の跡地は、中央政府が所有することとなった。ヨーテボリ市としては、どうやったら地域産業の危機を脱しうるか、失われた工場に代わる雇用の場をどう確保するかが大きな課題となった。その課題を解決するために、ヨーテボリ市は中央政府にたくさんの提案を行った。たとえば、航海技術研究機関や潜水技術に関するセンター設立など、国の研究機関の設立やこの地域への国家機関の移転などである。

ヨーテボリ市の熱心な働きかけの結果、中央政府とヨーテボリ市との間で一つの合意が生まれた。それは、リンドホルメン地区のかつての造船所の跡地を利用した労働安全に関する研究施設の建設であり、総額六〇〇〇万クローネのプロジェクトであった。そしてまた、造船技術を生かした基礎的な訓練や地域研究も行うこととされた。

両者の合意に基づき、ヨーテボリ市は一九八〇年までに当該施設を建設することを決めた。また、この合意のあとに、ヨーテボリ市はリンドホルメン地区に専門技術を習得できる専門学校を造ることを決めた。いまになって翻ってみると、それはこの地域を古い造船所の跡地から知識集約型企業の集積場にするという考え方の嚆矢《こうし》であった。

この時代、ノラエルブストランデンには、サンネゴーデン地区、リンドホルメン地区、ルンドビィストランド地区に三つの巨大な港湾施設が存在していた。しかし、大きな変化の中でこれらの

昔日の姿を物語る船の修理工場

港は十分に機能できず、ほとんどの港湾施設はヨータ川の河口付近に移っていった。なぜなら、港湾の近代化が進み、これまでのような手作業による積み出し作業は時代遅れのものとなったからである。また、大陸からの輸送は貨物船だけでなく、貨物自動車によるものが増加し、さらにコンテナー貨物による鉄道輸送も増加した。物流の変化にともなう激しい競争の中、港湾機能の自己革新が求められていた。

一九六〇年代に港湾業は非効率さを露呈し、一九七〇年の後半には、それまでタグボートやクレーンが林立していたノラエルブストランデンはにぎやかさを失ってしまった。そして、港湾地区は見捨てられた場所となっていった。世界をリードしてきたスウェーデンの海運業や造船業は凋落《ちょうらく》し、かつての誇るべき海の街ヨーテボリの雄姿はそこにはなかった。危機は現実のものとなってノラエルブストランデンを覆い尽くした。

──具体的な提案と失敗（1980年〜1985年）

■「エリクスベリ85」は中央政府の進めてきた「100万戸計画」と矛盾することが明らかとなった。

■住宅建設をあきらめ、造船所の古い建物を改装し、企業の事務所として再利用する方向を決めた。

1983　1984　1985

（出典：Norra Älvstranden The Process）

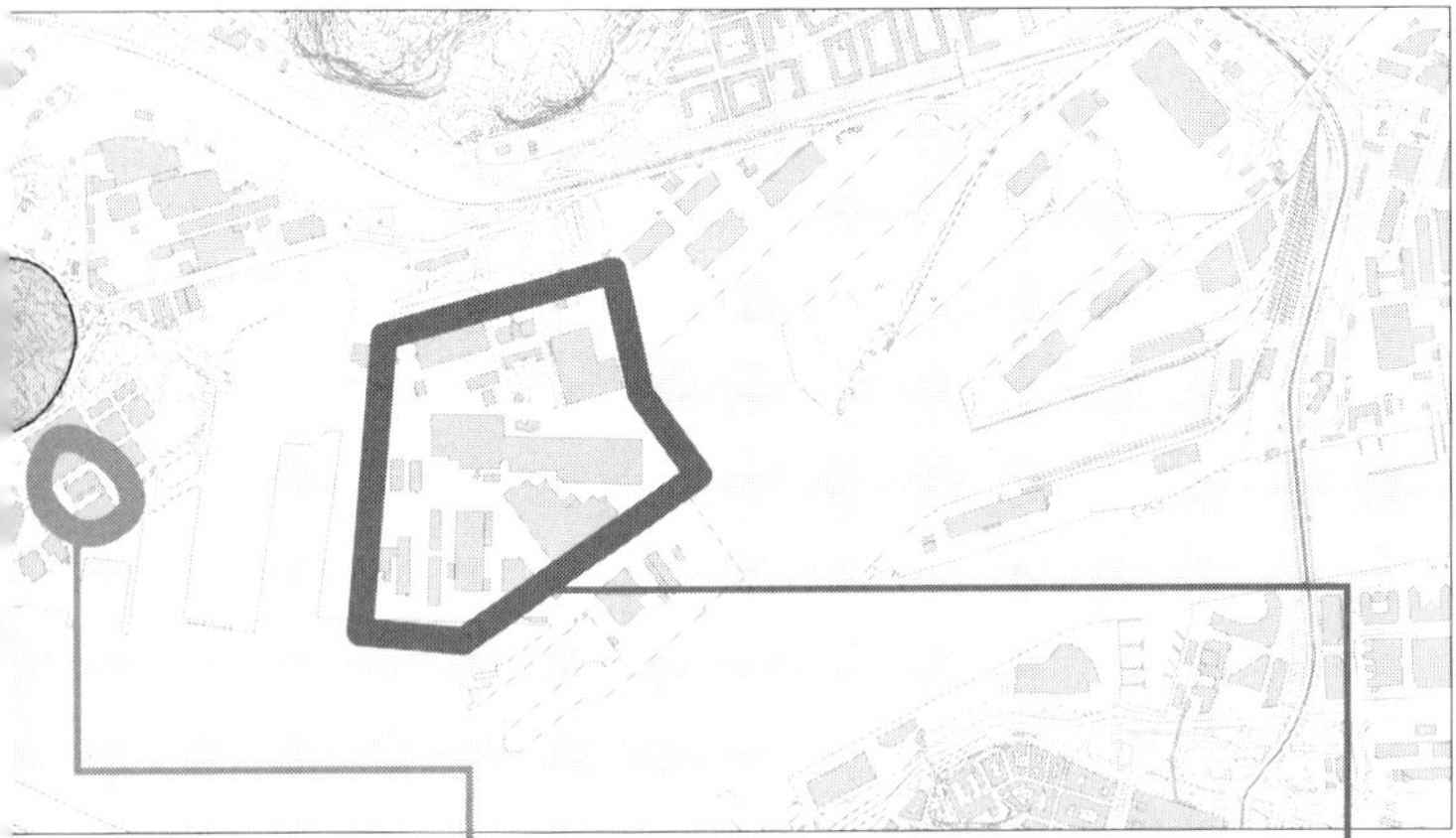

リンドホルメン地区

新たな起業のための調査研究が始まった。新たに専門学校が完成し、知識集約型産業を基軸としたウォーターフロント地区への第一歩が記される。

ルンドビィストランド地区

ヨータヴェルケンという地名は、「ルンドビィストランド」という新たな名前に置き換えられた。なぜなら、この地域はヨータヴェルケンという企業の名前と関係づけられて命名されてきたわけで、この企業が別の場所で操業することとなり、同じ名前を継続するのはふさわしくないということになった。今後、ヨータヴェルケンという昔の名前は忘れられていくだろう。

第2期 新たな可能性を探る

■スロッツベリエット地区で住宅更新の動きが広がる。

■スウェードヤード株式会社は、「エリクスベリ85」という計画をまとめ、エリクスベリ地区の新たな姿を提示した。

1980　1981　1982

リンドホルメン地区でプロジェクト・リンドホルメン株式会社が活動を始める。

「エリクスベリ85」という新たな計画がまとまる

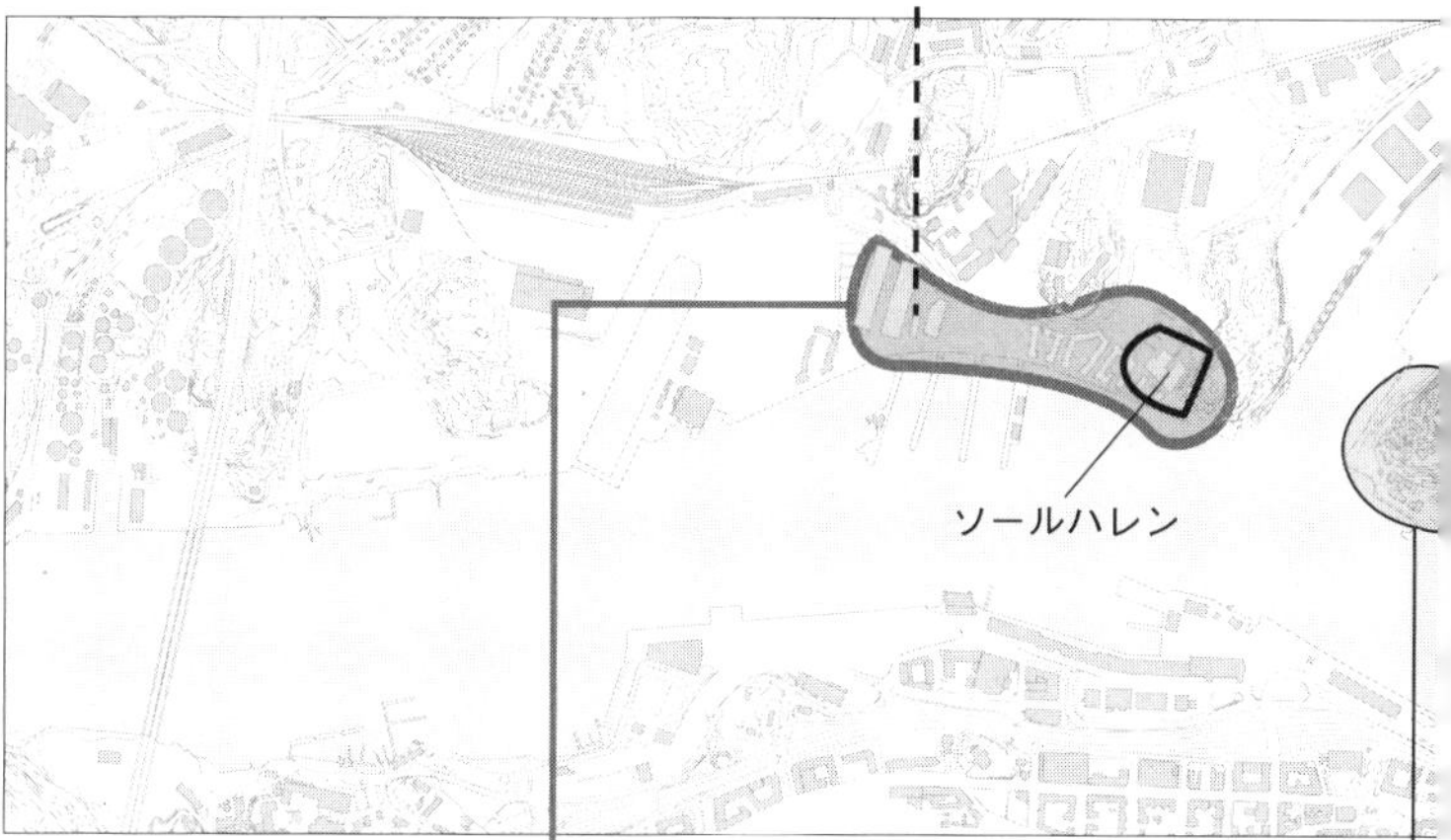

エリクスベリ地区

スウェードヤード株式会社は、その地域のもっとも古い建物であるソールハレン（Sörhallen）の改築に着手した。ここは、米や小麦の精錬を行ってきた工場で、操業が終了した後、この建物をどうするのかはこれまで大きな課題となっていた。改築の方針が決まり、地域の産業遺産として建物自体の修繕が開始される。

スロッツベリエット地区

ここは、かつて造船所の労働者が多数居住している地域だった。「八家族の家」が象徴的に物語るように、狭小な道路が続いて密集した住宅が立ち並び、居住環境は劣悪なものであった。1980年の夏、ヨーテボリ市は地域環境改善プロジェクトを提案し住人たちはその仕事の一端を担った。このプロジェクト実行により、地域環境が改善されることになる。

2 第2期 新たな可能性を探る
——具体的な提案と失敗(一九八〇年〜一九八五年)

新たな活性化のための最初のビジョン

国営企業スウェードヤード株式会社は「エリクスベリ85」という計画をまとめ、エリクスベリ地区の将来像を提示した。それは、造船所跡地をうまく活用し住宅と事務所を配置するという新たな都市ビジョンである。広く市民の関心を巻き起こし、この地域の良さを知ってもらおうという野心的な提案であり、当時としては大胆で大変に興味深いものであった。水と緑に抱かれ個性豊かな表情を見せる建物群、そして四季折々の花々が彩るストリートなど、提案書のどのページにも生き生きとした表現が続いている。新たなテラス付きの低層マンションには、個人のボートを係留するためのプライベートマリーナが描かれた。また、造船所の古い作業場をスポーツセンターに改築する案や、市場、劇場などに再利用するといった斬新な考えが、実際の建物を示しながら具体的に表現されている。今後、ヨーテボリ市の経済は好転し、一九八五年にはこの計画が実施されて現実のものになるだろうと提案は結んでいる。

だが、「エリクスベリ85」は、中央政府がこれまで進展させてきたいわゆる「一〇〇万戸計画」と矛盾することが明らかになった。これまでスウェーデンでは、住宅不足に対応すべく一〇〇万戸の建設計画を立て、これに基づいて多くの住宅を計画的に建設してきた。ヨーテボリ市でも郊外にはたくさんの住宅がすでに建てられており、数千個の住宅群が空家のままで残っていた。いかに魅力的な計画であったとはいえ、ヨーテボリ市はエリクスベリ地区に住宅群を建設するという計画を了承するわけにはいかなかった。それはまた、当時の都市マスタープラン（初期計画）がこの地域を「工業専用地域」と定め、住宅の建設を阻んできたことも大きな理由の一つである。

修復型のまちづくり（地域更新）——ソールハレンの改修を契機として

住宅建設が承認されないというこの枠組みの中でどう対応すべきか、スウェードヤード株式会社はさまざまな検討を行った。そして、造船所の建物を改築し、企業の事務所として再利用するという方向性を決めた。これは、都市マスタープランが定める「工業専用地域」という枠組みを維持し、また厳格な地区詳細計画との整合性も意図するものであった。スウェードヤード株式会社は手初めとして、かつて米と小麦の精錬所として使われてきた「ソールハレン（五三ページ、一五四ページの写真参照）」の改修を行うことを決めた。ヨーテボリ市は、地区詳細計画に合致するものとしてこの改築を承認した。

造船所時代からある建物の雰囲気をそのままとし、再利用が可能なように建物の改修を行うという手法は一つの可能性をもたらした。ソールハレンの改修を契機とし、修復しながら各建物の設備と機能を現代的なものに変え、地域全体を魅力あるものに底上げしていくという考え方が固まっていく。

こののち、スウェードヤード株式会社は、ステン・サミュエルソン（Sten Samuelsson）という建築家にエリクスベリ地区にあるほかの建物の再利用の方法を依頼した。それは「エリクスベリ85」のいう住宅計画は無理だったが、企業の事務所や会議場などの公益施設としての使い方をまとめて具体的に提示するなら中央政府やヨーテボリ市の理解が得られると考えたからである。エリクスベリ地区には、人のいなくなった建物群と空洞化した土地がある。ここは居住地区にも近く、緑化地帯や交通網も整備されているので、具体的な再利用の方法さえつかめれば地区の活性化が図れると考えたのである。

リンドホルメン地区でも同様の課題があった。造船所のドックはすでに実質的な役割を終えており、別な場所に移ることが提案されていた。だが、それでも造船所に関連するたくさんの中小企業が周辺には残っており、細々ではあるが各々工場としての操業を続けていた。

スロッツベリエット地区の居住更新

スロッツベリエット地区には、造船所の労働者の住宅が広がっていた。造船業の盛んなころは、多くの人々が商店街やコミュニティセンターを行き来して買い物を楽しんでいた。しかし、造船所の衰退とともに次第に居住者は減り続け、造船所が閉鎖されたとき、その建物や土地の所有者たちはそこを維持することが難しくなっていた。さらに、その地域には下水のない場所もあり生活する場としては不適当でもあった。

一九八〇年の初めに、スロッツベリエットの古い木造の建物を改善しようとする動きが始められた。シャルマー工科大学の建築専門家の協力や優秀な技能をもった建築家の指導のもと、ヨーテボリ市の働きかけに応じて居住者自身がその地域の環境改善を図ることに合意した。それによって、「八家族の家」（七一ページから参照）と呼ばれる古い住宅の改築が行われた。

地方政府の努力

ヨーテボリ市は、工業を呼び戻し、工業専用地域として再生させるという計画が困難であることを知った。また、産業に関する研究施設の誘致について政府の支援を得ることに失敗した。以前から求め続けてきた「海洋技術や潜水に関するセンター構想」は、中央政府に採用されなかったわけである。そこでヨーテボリ市は方向転換を図り、サービス部門を中心として計画を組み立てることとした。その当時、よく参照されたのはロンドンのドックランド（docklands）の再開発であった。

ドックランドとは、ロンドン塔からテムズ川沿いにロンドンの東に広がる地域のことである。ここは一九世紀に石炭と鉄の積出港として栄えたが、それらの産業が衰退するとともにその役割を終えた。繁栄に取り残されたこの地域は、犯罪のはびこる危険な場所となっていった。一九六〇年半ばに、ここをウェーターフロントとし、美しく活気にあふれたビジネス、観光、娯楽の中心地にしようとする最初の考えが打ち出された。その後このアイディアは具現化され、ノラエルブストランデンが新たな方向性を模索し始めた一九八〇年代前半には具体的な形をとり始めた。同じ港地区の再活性化ということで、ノラエルブストランデンの開発にあたり同地区の調査・研究が行われたのである。

一九三七年から一九五七年の間、造船所の時代に行われた工業専用地域としての拡張は、ヨーテボリ市の都市マスタープラン（初期計画）に基づいて実行されてきたものである。いまや、造船所も港もすでになくなってしまったにもかかわらず、ヨーテボリ市の都市マスタープランは何の変更も加えられなかった。いまだに工業専用地域としてこの地域を縛りつけ、現実の動きを一切無視してきた。言い換えれば、都市マスタープラン自体が大きな時代の変化に対応できなくなっていた。

時代に適合した新たな計画をノラエルブストランデンにもち込むためには、現行の都市マスタープランを変更し、複合市街地としての位置づけを明確にするとともに、波戸場へのアクセスや高速道路の拡張、インターチェンジの建設、人や自転車のための回遊道路の整備などが必要であった。さらに、中心となる三つの地区、サンネゴーデン、リンドホルメンとフリーハムネンについても、住宅や商業施設の配置などを明示した、より緻密でより具体的な「地区詳細計画」が求められたのである。

一九八三年、ヨーテボリ市は各地区についての詳細な検討を始めた。そして、ノラエルブストランデンの大半をリストアップし、とくにスロッツベリエット地区、リンドホルメン地区とフリーハムネン地区については住宅建設の可能性を調査することとした。そのうえで、中心的な活動はリンドホルメン地区に注がれた。以前の国との合意（一一六ページ）に基づき、市は公営企業であるプロジェクト・リンドホルメン株式会社を設立して単独のオーナーになった。

一九八一年に、ヨーテボリ市は労働安全に関する研究施設をリンドホルメン地区に建て、約二五〇〇人の人がそこで訓練に参加した。その後、新たな研究施設に関連した企業が次々と立地していった。ヨーテボリ市の高校もリンドホルメン地区に移転し、ここで働くたくさんの社会人は高校の教育施設や体育施設を利用することができるようになった。

一九八五年、ヨーテボリ市議会はノラエルブストランデンについて、これまでの都市マスタープランの見直しを行うことを宣言した。それは、将来的な展望をまとめ、ノラエルブストランデンのより良い発展のための具体的な方策を調査しようとするものであった。

これより先の第3期以降の新たなステージに向けて、このときの市議会の決意は実行されていく。

――都市マスタープランの改訂（1985年～1990年）

■プロジェクトリンドホルメン株式会社は、リンドホルメン地区にサイエンスパークを建設することを提示した。

■ルンドビィストランド地区で、かつての巨大工場を改装し、快適なオフィスへと整備が進んでいく。

1988
エリクスベリ地区にあるブローハレンなどの改築計画がまとまる。

1989
２年制のエンジニアのための単科大学の開校を決定する。

1990
新たな都市マスタープランが市議会で了承される。

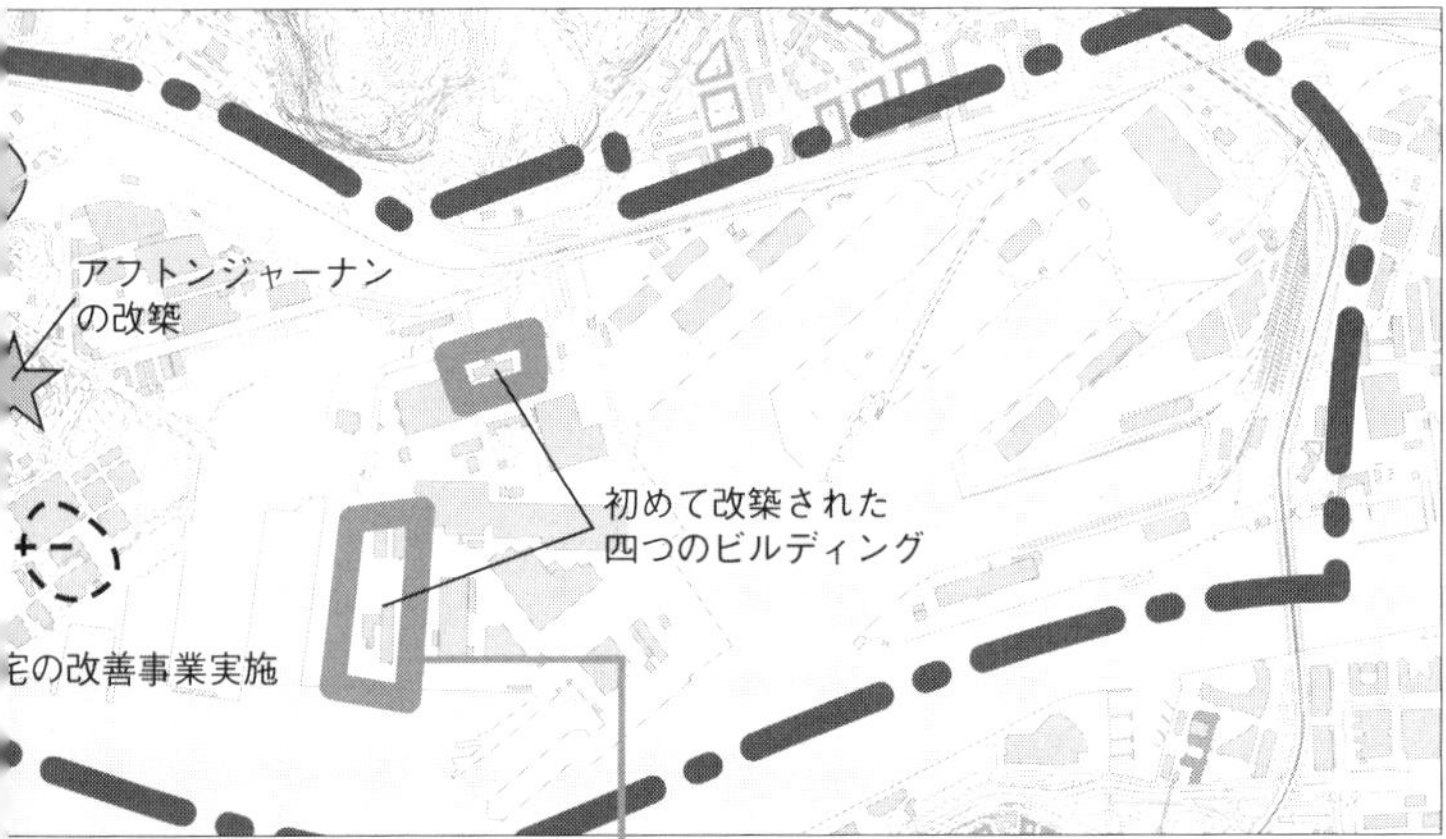

（出典：Norra Älvstranden The Process）

ルンドビィストランド地区
北側地区、南西地区にある建物の改築が行われる。

スロッツベリエット地区
地域環境の改善のために住宅の建て替えが行われた。それは、造船所時代特有の独特な歴史や文化の一編を受け継ぎ、環境にマッチした住宅群の建設である。運河を中心に、ヨットなどの係留場をもった個人住宅が川に沿って建てられた。また、狭小な道路の改善と密集市街地の改善も同時に行われた。アフトンジャーナン（74ページ参照）という、古い建物がコミュニティセンターとして再築された。

第３期　時代の動きに敏感に対応するために

■時代の動きにあわせて、都市マスタープラン自体の改変しようとする新たな試みが始まった。

■エリクスベリ開発株式会社は、「エリクスベリ発展のための概要」を発表し、質の高い住宅と機能性の高いオフィス街をもった、エリクスベリの将来構想を提示した。

1985
エリクスベリ開発株式会社が創設された。市は都市マスタープランの改編を決める。

1986
エリクスベリ地区の将来構想がまとまる。

1987
ルンドビィストランド地区での建物更新が始まる

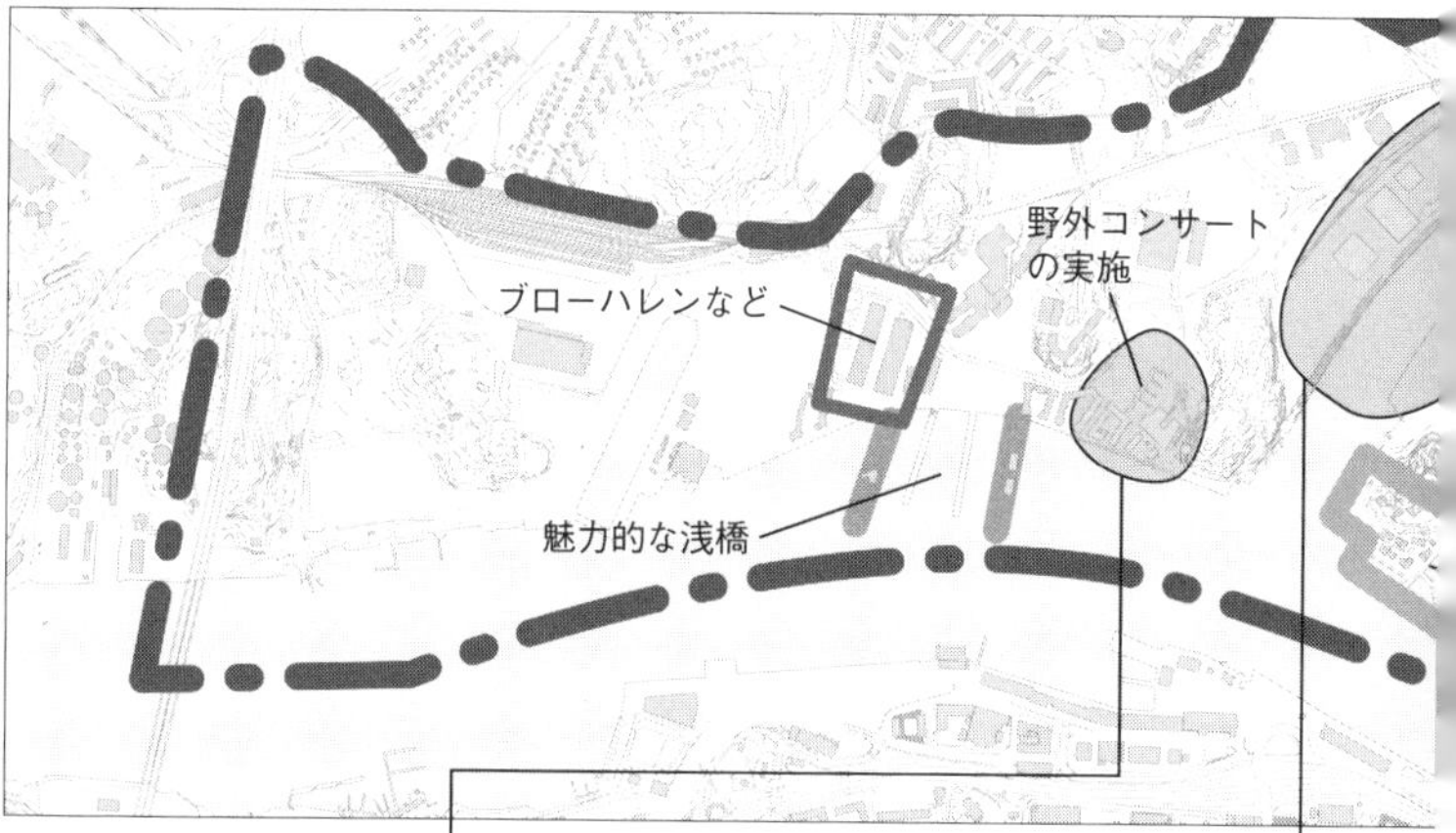

エリクスベリ地区
新たにつくられた国営企業であるエリクスベリ開発株式会社（Eriksbergs forvaltnings AB）は、エリクスベリ地区発展のための方向性として質が高い住宅群と機能性の高いオフィス街の提案を行った。また、野外コンサートなどを開催し、この地域を広く市民に知らせることを計画し実行した。同じころ、ブローハレンなど、この地域の大きな機械工場改築のための準備が進められた。

サンネゴーデン地区
ここは、運河がずっと山際まで入り込み、ウォーターフロントとしての好適地であり、ずっと早くから高級な住宅群の計画がつくられてきた。この時代、商業施設と住宅群の適切な配置や公共施設の建設など、様々な議論が行われた

3 第3期 時代の動きに敏感に対応するために
——都市マスタープランの改訂（一九八五年〜一九九〇年）

新たな都市マスタープラン（第2期計画）の策定に向けて

これまで、工業専用地域という枠組みでしか考えられなかったノラエルブストランデンの開発について、時代の動きに計画を適合させようとする新たな試みが始まった。それは、ヨーテボリを工業都市から知識集約型産業の集積地に変えるという方向づけである。一九六〇年代から、第三次産業の伸びにつれて工業に従事する者の数は減少してきた。経済統計は、常にサービス産業の伸びとコンピュータソフト開発など知識集約型企業の優位性を示していた。つまり、このような時代にいつまでも土地利用規制を続けていくことが問題とされたのである。

当時、ヨーテボリを代表する各政党の大物政治家のすべてが、ノラエルブストランデンの再開発を審議する特別委員会のメンバーであり、ヨーテボリの政治家たちにとっても、ノラエルブストランデンの再開発は大きな関心事の一つであった。

一九八五年、市議会は市の都市計画局に長期的な視点をもってノラエルブスンデンの活性化策をまとめるよう指示を行った。市議会の決定に呼応し、この地域の巨大な土地所有者であるエリクスベリ開発株式会社とエスピーピー・エーエムエフ保険会社も、この地域のインフラ整備のためにできるかぎりの努力をすることを約束した。

　ここでの最大の課題は、ノラエルブストランデンを工業専用地域として縛りつけてきたこれまでの都市マスタープランの用途規制を見直すのか、それとも継続するのかということであった。新たな都市マスタープランづくりに向けて、ヨーテボリ市は計画上の課題を設定し、各々の課題ごとにワーキンググループを組織した。ここでいう課題とは次に掲げる九つである。

❶都市景観の継続と発展
❷既存建物の再利用
❸伝統的建物の保護
❹交通アクセスの向上
❺環境保全の厳格な運用
❻危険物の除去
❼土地利用の調整
❽新たな地区詳細計画策定のための論点
❾各地区ごとのビジョン

市民に親しまれる地域づくり

　一九八六年、ヨーテボリ市は新たな都市マスタープランづくりに着手した。工業専用地域として閉ざされてきたこの地域を、すべての市民にオープンにするというのがそのコンセプトであった。それは、経済的にも、社会文化的な観点からも大きな変更をもたらすものであった。多様でバラエティに富み、質が高い地域をつくることが目標である。新たにつくられる街で、市民は豊かな環境の中に暮らして生き生きと働く。そして、余暇を楽しみ文化活動に積極的にかかわる。質の高い住宅群、快適な労働と学習の環境など複合的な市街地が完成することで、ノラエルブストランデンの生活は希望に満ちたものとなる。

この地域に関する最終目標も設定された。それは、一万二〇〇〇人の雇用を生み出し、一万五〇〇〇人の住宅を提供することである。世紀末までにこの計画を準備することが確認された。魅力的な店舗、公的施設、教会、学校、レストランなどを兼ね備えた地域全体の姿を描くことが始まった。同時に、フェリーとバスによる交通アクセスの拡充、路面電車（LRT）の延伸による新たな交通

ヨーテボリ市民の足、市内を縦横に走る路面電車

計画が準備され、この地域と市の中心部を密接に結ぶための方策が検討された。

これらの提案は、最終的には都市マスタープランの改編を求めるものである。ノラエルブストランデンに関する計画は、二五〇ヘクタールの土地と四〇ヘクタールの水域のすべてを含む。今後、市議会による決定に至るまでには、幾重にもわたる市民や企業、地権者への説明が必要である。そして、その改訂には多くの努力が予想された。

地区更新における一番大きな課題は交通アクセスの問題であり、また工場跡地の汚染された土壌の改良であった。ヨータ川は大きなバリアーとなり、市の中心部へのアクセスは悪かった。工業用の貨物電車が走り、トラックがひっきりなしに通る道路は非常に危険なものであった。そういった課題はあるにせよ、多くの住宅と事務所のスペースが拡張されることでヨーテボリの産業活性化に大きく貢献することとなる。

計画づくりの第一歩は、この地域を市民に広く宣伝することであった。多くの住民をこの地域に招き、広汎な議論を巻き起こすことであった。工業専用地域という用途規制を見直し、新住宅やオフィスを主体とする複合市街地にするとしても、この方向性が本当に正しいか否か、このこと自体をまず初めに市民に問う必要があった。

エリクスベリ地区——新たな構想と将来の方向性

国営企業スウェードヤード株式会社はその地域の発展に引き続き努力しており、新たにエリクスベリ開発株式会社という子会社をつくった。この子会社は、エリクスベリ造船所の不動産管理を行うだけでなく、その地域の開発すべてに責任を負った。

一九八六年にエリクスベリ開発株式会社は、建築会社であるアーキテクトラーゲット株式会社（Arkitektlaget）とともに新たなビジョンとなる「エリクスベリ発展のための概要（Eriksberg-Ideas and Sketches）」を発表した。このビジョンは「エリクスベリ造船所の跡地に二二〇〇の住宅と四〇〇〇人の雇用を抱えた複合市街地をつくる」ことを目標とし、質が高い住宅群と機能性の高いオフィス街をもった親しみある街をつくるという提案であった。

その後、エリクスベリ開発株式会社は、ヨーテボリ市都市計画局とともに、この地域の良さを市民に知ってもらうための具体的な活動を第一番に開始した。なぜなら、長い間ノラエルブストランデンは閉ざされた空間であり、許可された者しかゲートをくぐることはできなかった。また、それがゆえにヨーテボリ市民のほとんどがノラエルブストランデンには関心がなかったために、住宅街を建設するとなると多くの市民にこの地域の魅力を知ってもらう必要が出てきたわけである。そして、さまざまなイベントを通じて、この地域をオープンなものにするという方策が考えられた。

一九八五年の夏、アメリカを代表するロックアーティストであるブルース・スプリングスティーン（Bruce Springsteen）主演によるコンサートが、エリクスベリ地区の東側にあるソールハルスベリエット（Sörhallsberget）公園で行われた。また、一九八六年の夏には、アイルランドの人気ロックバンドがエリクスベリ地区に特設した外部ステージでコンサートを行った。いずれの公演も大盛況で、五万人の聴衆が集まったようだ。ヨータ川べりを人が埋め尽くし、光と大音響があたりを包んだ光景を想像するだけでもイベントの大きさが分かる。

これまでヨーテボリでの大きな催し物は、市の中心部に近いウッレビー（Ullevi）総合スタジアムが使われてきた。エリクスベリ開発株式会社は、新たな開催場所を整備して市民にこの地域の魅力をアピールしていった。ロックコンサートなどの開催を経て、かつての造船所跡地は次第に市民の間に浸透していった。その結果、この地区に残る教会伽藍のような倉庫群、文化的、歴史的な建造物は地域のランドマークとなった。

その後、デンマークの芸術家などの作品展示会がここで行われた。また、ローリングストーンズやマドンナなどの歌手や芸術家がたくさん招かれ、造船所の跡地においてパフォーマンスを行った。川面の雰囲気をうまく生かした演出で、どの公演も満足のいく結果をもたらした。これらは、当然、ヨーテボリ市民の目をよりいっそうノラエルブストランデンに釘付けにすることに役立った。この地域がいかに魅力ある場所であるかを市民に認識させるうえにおいて、これまでに行われた数々の試みは大きな成果を上げたといえる。

各地域の新たな動向

ルンドビィストランド地区では、一九八七年、造船所時代の建物の改築が始まった。当時の建物の雰囲気を残しながらも、すぐれたビジネス環境を提供するために現代的なオフィスとしての整備を行うものである。

スウェードヤード株式会社は、手初めにThe 141（九四ページ参照）など四つのビルディングの改修を行うことを決めた。現代的な設備と機能をもった質の高いオフィス環境をつくり、外部の企業を呼び込むことを大きな目的とした。また、試作品開発など、工業生産も可能なようにオフィスの設備には工夫を凝らした。その地域の北西部分にあるシタディレットなど、かつて倉庫として使われていた建物群の改築も行われ、南西部分にある建物にも修繕が施された。これらの実践を通じ、工業専用地域をオフィス群に生まれ変わらせるという手法が確認されたわけだが、それはこれまでの他国や他地域の経験に根ざしている。たとえば、前述したようにイギリスのドックランド地区改編の手法などが研究され、この地域の改造は過去の経験に学び、また実践を行いながら何度も試行錯誤を繰り返してきた。

まるで落穂拾いのように、各地での一つ一つの事例が丹念に集められたわけである。こうした努力が実り、一九九〇年までに、約八〇の新たな企業がルンドビィストランド地区の新たなオフィス群に移転してきた。

リンドホルメン地区でもいくつかの動きがあった。市の所管する公営企業であるプロジェクト・リンドホルメン株式会社は、労働安全研究所での労働環境改善に関する研究を支援した。ここで研究者たちは、人間の労働環境から有害で危険なものを取り除くための方策として実行可能な技術的な問題を整理した。

一九八八年、プロジェクト・リンドホルメン株式会社は、リンドホルメン地区の発展のための新たな提案を行った。それはこの地区に、ホテルや事務所、会議施設、サイエンスパークなどを創設するという提案である。だが、ヨーテボリ市の都市マスタープランはいまだに変更されておらず、こういった提案を受け入れる余地はなかった。

ヨーテボリ市建築委員会の議長は、「計画が決定されるまでにはまだまだ時間が必要で、調査を含め少なくとも三年はかかる」と公然と言ってのけた。プロジェクト・リンドホルメン株式会社の取締役は、次のように言って市の対応を批判した。

「早く決定が行われるよう、私たちはドアをノックし続けている。市は一刻も早く決定すべきだ。そして、時間を節約するためにも、都市マスタープランと地区詳細計画は同時に進められるべきである」

一九八九年、いまだ都市マスタープランの改訂が終わらない中、市議会はリンドホルメン地区に二年制のエンジニアのための単科大学を造ることを決めた。これは現状において可能な施策展開であり、プロジェクト・リンドホルメン株式会社が提起したサイエンスパークづくりを後押しする記念すべき第一歩となった。

ステージの拡大――新たな都市マスタープラン（第2期計画）の完成

ノラエルブストランデンには、いまだぼんやりとしてだが、ＩＴ関連の新しい企業集積が始まっていた。第一は、エリクスベリ地区、サンネゴーデン地区、リンドホルメン地区によって構成される核心部である。第二は、リンドホルメン地区の港を中心とするエリアである。第三はエリクスベリ地区の西側であり、第四はフェリエネース地区、第五はルンドビィストランド地区とフリーハムネン地区である。都市開発の方向性がはっきりしないために動きは鈍いが、都市マスタープランの改訂が行われれば状況は急変するはずである。各地区の用途が工業専用地域から異なるものへと変更されるならば、各地区のもっている潜在的な可能性があふれ出す。だが当時は、それほど早く都市マスタープラン改定の時期が来るとは予測できず、関係者の間でも二〇〇〇年までは難しいと考えられていた。

都市マスタープランの改訂は多くの検討を要した。計画変更にあたっては、市民、地権者、企業など、多くの関係者の合意が必要となる。実行性をともなった都市マスタープランをつくるためには、公平性と透明性に基づく手順にのっとり市民の厳格な要求や多くの疑問にきちんと答えなくてはならない。ノラエルブストランデンの改編は、たくさんの人々に大きな影響を与える。それは、この地域だけの問題でなく、ここに巨額の投資を行うことがヨーテボリ市にとってどういう意味をもつかということを問うものであり、新たにできる街へのアクセスや公共施設の建設など、多数の課題への答えを用意するものでもあった。

さまざまな計画とプログラムが考えられる中で、この地域に対する市民の関心も高まっていった。地権者たちは、自ら地域改編のイメージをつかむために、同じ港町であり再開発によって新たなまちづくりを果たしたアメリカ東部のボルティモアやボストンなどへ研究活動の旅に出た。市民への計画提示、意見交換、そして関係各団体との協議を経て、新たな都市マスタープランの骨子は一九九〇年に完成した。長い時間を経てようやく新たな一歩はしるされたが、計画を実行するためにはさらなる努力が求められるわけだし、現実に都市マスタープランの理念を実現するためには引き続き多くの労苦が残されている。

都市マスタープランの改訂と同時に、ノラエルブストランデンに関する各地域の地区詳細計画もまとめられた。サンネゴーデン地区やエリクスベリ地区に関する地区詳細計画も一九八九年にまとめられ、翌年に市議会にて決定されている。この中に明記された項目は、建物の構造や守るべき規則、住宅とオフィスの割合、商業施設の配置など多彩なものである。たくさんの詳細な記述があるが、たとえば水際の住宅に附設するマリーナは当該建物住民の共有物とするが、公的にも使用可能なものにするなどのように事細かに描かれている。

このように詳細で緻密な計画の内容は、市の企画部門、所有者、建築家などとの協働によってつくられた。質の高い計画は多くの人々のインスピレーションを刺激し、まちづくりにかかわる多様な主体の共同を促す。そしてそれは、この地域のもつ潜在的な力を現実のものへと変えていった。

――計画の着実な進展を（1990年～1995年）

■サンネゴーデン地区に八つの企業の手によるコンソーシアムが形成された。

■シャルマー工科大学が新たな学部を新設した。

1993
サンネゴーデン計画が全国レベルのコンテストで表彰される。

1994
シャルマー工科大学がリンドホルメン地区に新たな大学を開校する。

1995

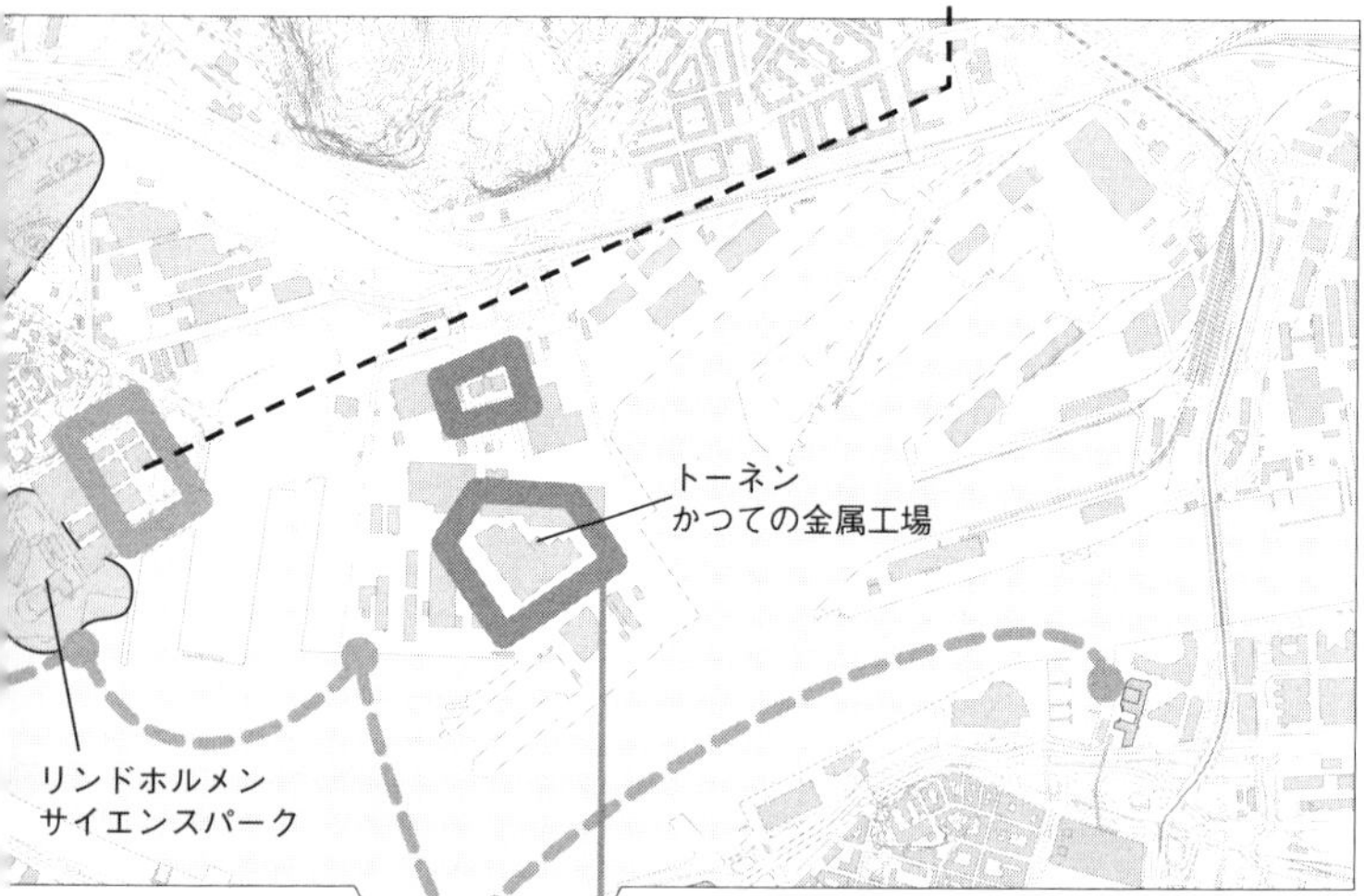

（出典：Norra Älvstranden The Process）

リンドホルメン地区
シャルマー工科大学が開校する。都市の成人やこの地域での雇用者だけでなく、将来ここに移転してくる企業群を視野に入れたものである。延べ床面積4万㎡のサイエンスパークも計画された。企業を発展させる上で、研究と産業機能の結び付きは当然の流れであった。

ルンドビィストランド地区
たくさんの建物が改築される。かつての金属工場は、市民に開放されスポーツセンターになった。

第4期　バブル経済崩壊の中で

■1990年にヨータ川の両岸を結ぶフェリーが就航した。

■1980年ヨータ川に面する陽あたりのよい地域に初めてマンションが建設された。

1990　フェリーが就航する。

1991

1992　リンドホルメン地区にナレッジセンターが完成する。

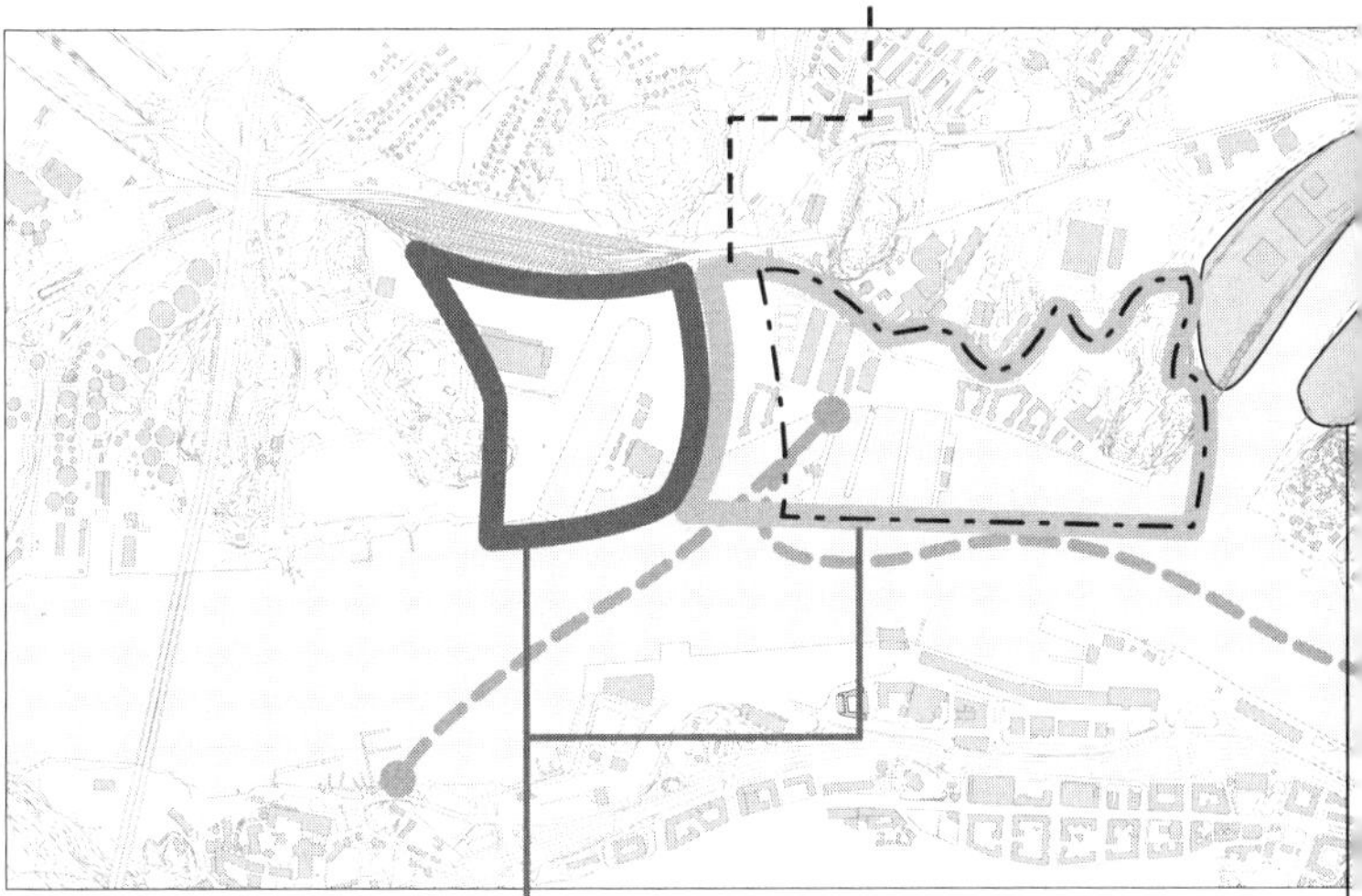

エリクスベリ地区

機械工場は、次々とホテルや展示会場に姿を変えていった。ミュージカルや絵画展などが開かれたことで、市民はこの地域に大きな関心を示し始める。波戸場としての独特な雰囲気をもち、住宅としてもオフィス街としても秀逸なものに変わっていく。

サンネゴーデン地区

1990年の初めに地区詳細計画がつくられた。この地域に1万3,000㎡の住宅スペースを有し、12,000㎡のオフィスを造ろうとする計画である。八つの企業がコンソーシアムを形成した。しかし、バブル経済崩壊後の厳しい経済状況がコンソーシアムを崩壊に導く。

4 第4期 バブル経済崩壊の中で
――計画の着実な進展を（一九九〇年〜一九九五年）

バブル経済の崩壊が、ノラエルブストランデンのまちづくりに深刻な影響を与えた。不動産価格は大きく値下がりし、ヨーテボリ中心部での地価は三分の一までに減少した。経済危機は、この時期もっとも活発な動きを見せていたサンネゴーデン地区のコンソーシアム（次ページ参照）を破綻に追い込んだ。だが、そういった経済的な困難さの中でも、エリクスベリ地区、リンドホルメン地区での施策は着実に実を結んでいった。この地域の新たな将来像を規定した都市マスタープランは、正しい方向を見据えていた。

サンネゴーデン地区のまちづくり

サンネゴーデン地区では再開発が進行した。地区詳細計画の定める実施期限は一九九九年末である。この地域には、延べ床面積一三万平方メートルの住宅群と延べ床面積一二万平方メートルのオフィス群が建設されることとなっている。中心は、サンネゴーデン地区の湾奥にある埠頭である。ここは運河に沿ってグルリと西地区、東地区、中央地区（港地区）の三つに区分され、それぞれ異なった性格をもつものとして新たな市街地が計画されている。中央地区には、図書館、会議室、デイセンターなどの公的な都市施設が配置される予定である。このサンネゴーデン地区計画は、一九九一年に開かれた国の「建築デザインコンペ」で一等賞に選ばれてもいる。

初めにサンネゴーデン地区開発に関するプロジェクトが、公営企業であるヨーテボリ市港湾会社と民間企業との間で結成された。次いで、このプロジェクトを具現化するために住宅、建設、保険など八つの企業で構成される「コンソーシアム（Consortium）」と呼ばれる企業連合体がつくられた。ヨーテボリ市港湾会社が所有していた土地はコンソーシアムに集約され、新たな住宅、オフィスを販売する上での基本的な合意も行われた。各企業はインフラ整備に協力することを了承し、また交通機能の向上にも力を貸すことが決められた。このプロジェクトは順調に進行したが、バブル経済崩壊による土地の急激な値下がりは当初想定していた販売額との差を大きなものとし、計画を進めていくことは困難なものとなった。つまり、財政的な行き詰まりがコンソーシアムを解散に追い込んでいったわけである。

エリクスベリ地区——六〇万人のビジター

激しい不況がノラエルブストランデンを襲った。それでも、計画は少しずつ続けられていた。エリクスベリ地区ではブローハレン（四七ページ参照）などの建物が修復され、新たにホテルや展示場として生まれ変わった。一九九三年には、エリクスベリハレンでボルボ株式会社が次世代トラックの発売にあたってプレゼンテーションを行った。一九九四年には、元ABBAのメンバーであったベニー・アンダーソン（Benny Andersson）などがコンサートを開き、ABBAの結成から現在までを歌でつづった『ミュージカル・チェス』も上演された。また、修復されたかつての造船所の建物を利用して、「レオナルド・ダ・ビンチ展」や「バイキング展」など、さまざまな展覧会も引き続き開催された。それらの結果として六〇万人にも上る人々がここを訪れ、ノラエルブストランデンは市民のよく知る所となっていった。

今後の課題となっていることは、そうした人々の関心をもとにノラエルブストランデンを住んでみたい場所、働いてみたい場所として再認識させられるか、またいかにそういった気持ちにつなげていけるかという点である。

リンドホルメン地区では、市が所有する公営企業プロジェクト・リンドホルメン株式会社が定款を変更し、その名前を「リンドホルメン開発株式会社（Lindholmen Utveckling AB）」と変えた。計画づくりが終了し、具体的な地域開発をめざすという意味ではいわば自然の流れである。

一九九四年、ヨーテボリ市との合意に基づき、シャルマー工科大学がリンドホルメン地区に移転してきた。これは、知識集約型産業の集積を通してサイエンスパークを創設するうえにおいて確実な一歩であった。リンドホルメン港地区には、新たな企業群を呼び込むために延べ床面積四万平方メートルのオフィスも用意された。さらに、ルンドビィストランド地区、リンドホルメン地区、エリクスベリ地区と対岸を結ぶフェリーが就航した。フェリーの運航は財政的には厳しいものがあったが、エリクスベリ開発株式会社とリンドホルメン開発株式会社が財政支援をすることとなり、このプロジェクトはスタートすることができた。

さまざまな主体の競争と協力

　この地区にある建物の改築や新たなビルディングの建築にあたっては、民間企業も共同に参加して競争できるよう、デザインの決定は一般競争入札で決めていくこととなった。これは、西エリクスベリ地区に残された独特なドックや巨大なクレーンなどをどのように活用するのかなど、さまざまなプランの提示を受け、広い観点から検討を進めようとするものである。また、各種の提案を通じ、ノラエルブストランデンへのアクセスの向上がその地域全体の発展にとってきわめて重要であることも明らかにされた。このように、さまざまな主体の競争と協力により、新たなステージへと場面は転換していく。

シャルマー工科大学

——長い時間をかけてたどり着いた地平（1995年～2000年）

■エリクソン・モバイルデータデザイン株式会社がリンドホルメンへの移転を決定したことにより、多くのIT関連企業の集積が続く。

■産官学の連携により、IT大学が建設された。

1998

シャルマー工科大学を中心にIT大学構築が固まる。

1999

サイエンスパーク・リンドホルメンが誕生する。

2000

エリクソン株式会社がノラエルブストランデン進出を決定する。

（出典：Norra Älvstranden The Process）

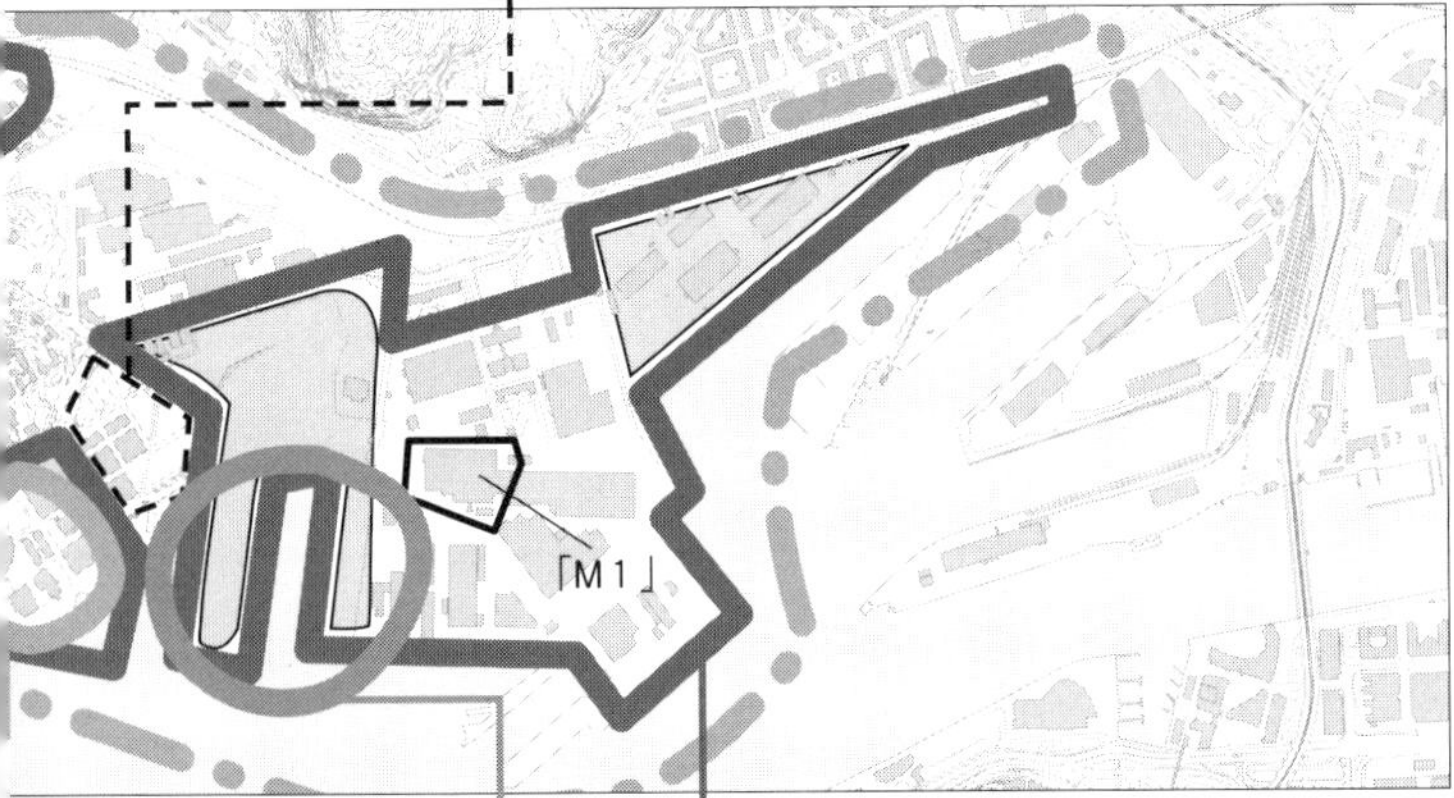

リンドホルメン港地区

計画されたサイエンスパーク内に、コンピュータソフト開発を中心とした企業の集積が続いている。企業の活発な交流や接触がお互いを刺激しあう。シャルマー工科大学リンドホルメン支部などと企業間の連携は始まったばかりだが、あたかもサイエンスパークが目の前にあるかのようだ。この地域の魅力はたくさんの企業をひきつける。エリクソンが、2002年に新しい建物に移ってきた。

ルンドビィストランド地区

ヨーテボリ市議会は、リンドホルメンの港地区とルンドビィストランドに関する地区詳細計画を承認した。また、この地域のもっとも古い機械工場Ｍ１（89ページの図参照）をリノベーションする計画もスタートした。これから解決すべき最重要課題は交通アクセスであり、道路網の整備と公共交通の拡充である。

第5期 人間のための都市をつくる

■ノラエルブストランデン開発株式会社が中央政府や港湾会社から大半の土地を買い取り、巨大な土地所有者となった。

■サンネゴーデン、リンドホルメンルンドビィストランドの各地で人間のための都市に向けた様々な動きが広がっていく。

▶ 1995　1996　1997

ノラエルブストランデン開発株式会社の創設により、ヨーテボリ市は実質的に最大の土地所有者となる。

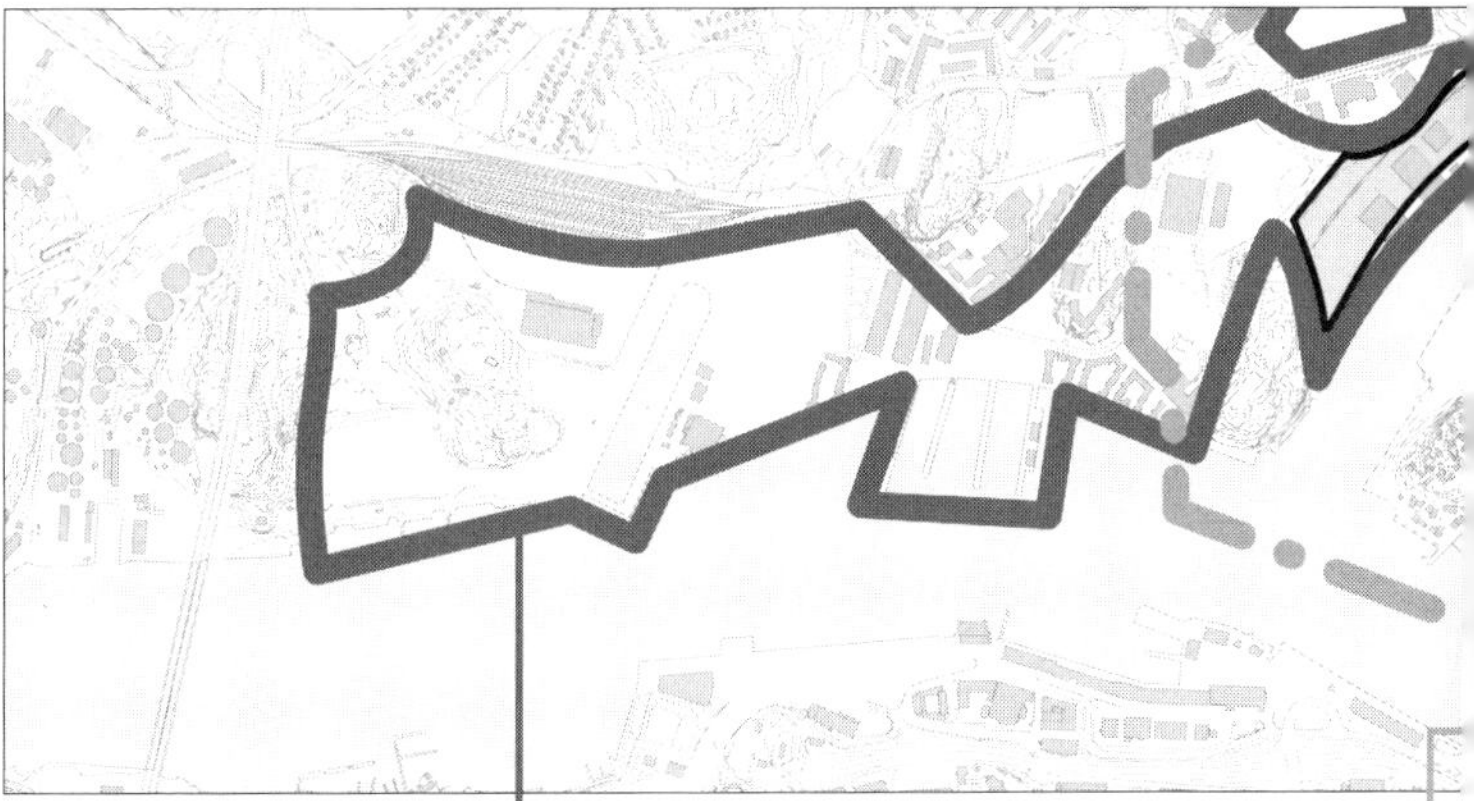

エリクスベリ地区

1999年に計画が具体化された。港の中心部に学校、高齢者施設、文化施設をつくり、運河沿いに住宅群を配置するものである。

リンドホルメン地区

シャルマー工科大学リンドホルメン支部や将来建設されるＩＴ大学など、この地域は、ヨーテボリ市の産業創造の上で大きな位置を占めるようになった。また、専門技術を習得する専門学校が建てられ、芸術、自然科学、ケータリング、建築などをここで学ぶことができるようになった。

5 第5期 人間のための都市をつくる
――長い時間をかけてたどり着いた地平(一九九五年〜二〇〇〇年)

経済は、好転するきざしを見せてきた。ヨーテボリ市は新たな開発株式会社を創設し、単独のオーナーになった。新しい企業の名前は「ノラエルブストランデン開発株式会社」である。

この会社は市の所有となっているが、厳しいバランスシートの制約の中で私企業と同じくさまざまな都市の課題を解決していかなければならない。ちなみに、市は初期投資以外の財政的な責任は一切負わないこととしている。ノラエルブストランデン開発株式会社の取締役会には、ヨーテボリ市を代表として与野党を含む政治家が就任しているが、同会社の代表取締役には政治家ではなく民間企業を経験した法律家が就任した。これは、ヨーテボリ市との一線を画するためのものである。

土地利用の総合調整に向けて――地方政府が主役に

ノラエルブストランデン開発株式会社は、国からエリクスベリ開発株式会社を買い受けた。また同様に、サンネゴーデン地区、リンドホルメン地区、ルンドビィストランド地区の土地をヨーテボリ市港湾会社から獲得した。なぜなら、港湾機能はすでに終了しており、港湾地区の規制をはずし新たに住宅建設や企業振興のために土地の利用を行うことが合理的と考えられたからである。このような経緯により、ノラエルブストランデン開発株式会社はこの地区の巨大な土地所有者となり、結果的にヨーテボリ市はこの地域全体を統一的かつバランスよく発展させることが可能となった。そして、ノラエルブストランデンのまちづくりの主役は完全に国から地方政府へと移っていった。

一方、各地でもさまざまな計画が動き始めた。ずっと西のフェリエネース地区では、オートキャンプ場の建設が提案された。エリクスベリ地区（フェリエネース地区に接する西側。四五ページの**全体図7番**付近）では、居住地域としてどのような空間計画が望ましいか、多くの建築家から提案が寄せられた。ルンドビィストランド地区では、先にも記したようにスカンジナビア最大の室内ハンドボール場がオープンした。

リンドホルメン・サイエンスパークの誕生

一九九八年、ノラエルブストランデン開発株式会社はヨーテボリ市企画室、ボルボ、エリクソンなどの民間企業と一緒になってコンセプトづくりを始めた。リンドホルメン地区に新たなサイエンスパークを創設し、ＩＴ産業の集積を図ることがその目的であった。数々の企業、大学、行政、それらの交流が新たな付加価値を生み出し、地域の質を高めていく。それは、過去の産業遺産を見事に継承し、造船所の独特な雰囲気を醸し出すサイエンスパークであり、これはほかにモデルのないヨーテボリ市のウォーターフロント地区独自のものであった。

造船所時代から培われてきた高いスキルをもった技術者集団と専門的な研究開発力をもつ大学人のネットワーク、ここには新たな産業を生み出す高い可能性がある。リンドホルメン地区の創造的で刺激のある環境の中で、ものづくりを支えてきた確かな技術と大学人の深い洞察力が統合し、異なる者同士の連携がこの地域をさらに発展させていく。さらに、これから集積していくコンピュータを中心にしたソフト系産業の新たな発想と、造船業時代からのものづくり技術が大学人の広いネットワークに支えられて融合していくならば、どんな製品開発も可能となる。そして、これら一連の動きはノラエルブストランデンの新たな姿を明らかにする。まったく異なる才能がぶつかりあって溶け込むことで、地域発展のための強い原動力が生まれていくわけだ。

多くの企業は、こうしたリンドホルメン地区のコンセプトに魅力を感じた。エリクソン・モバイルデータデザイン株式会社（Ericsson Mobile Data Design AB）が真っ先に名乗りを上げ、近隣のモレンダル市（Molandal）からリンドホルメン港地区に移転することを決定した。これにより、一二〇〇人の雇用を抱える新しい建物がリンドホルメン港地区に生まれることになった。そして、この決定は、関連する企業に大きな衝撃を与えた。多くのＩＴ関連企業がこれに従い、現在、リンドホルメン港地区は活況を呈している。

新たに集積する企業の大半は、ＩＴを機軸とした通信関連の企業である。モバイルやインターネットに関連する企業やテレマティクスなどの開発を得意とする。ここには、エリクソンやボルボといった大手企業の研究センターだけでなく、シグマ（Sigma）、セムコン（Semcon）、カラン（Caran）といった新興の優秀なIT産業も移ってきた。サイエンスパーク完成時には二万人がここで働くことになる。延べ床面積三〇万平方メートルの建物群に、知識集約型産業の一大集積地が生まれるわけだ。そして、研究開発型ベンチャーとこれを支援するインキュベーターがこのあとに続くことになっている。

一九九九年春、大切なもう一つのステップがとられた。それは、シャルマー工科大学、ヨーテボリ大学が、エリクソン株式会社の財政支援によりながらまったく新しいIT大学を立ち上げていくことを決定したことである。ヨーテボリ市を代表する有名な二つの大学が連携することで、サイエンスパークの大きな柱がつくられることになる。

その後、二〇〇〇年秋にIT大学が開校した。世界的な競争力をもった企業を輩出することがIT大学に期待される役割であり、このプロジェクトにはヨーテボリを含むスウェーデン西部地域の商工会議所とヨーテボリ市も出資している。インキュベーターとしてベンチャー企業各社の応援を行うこのIT大学は、最終的には四〇〇〇人規模となる予定である。エリクソンは、次世代の携帯電話に関する技術研究に関してIT大学への出資を決めた。

新たな都市マスタープラン（第三期）の策定に向けて

新たな戦略決定は、現在の都市マスタープラン（第二期計画）からの脱却を意味した。時代は大きく動き、一九九〇年代につくられた計画はすでに古びたものになってしまった。

一九九九年、都市計画局を中心に公式な計画手順に沿って新たな都市マスタープラン素案（第三期）がつくられた。ノラエルブストランデンのコンセプトは、「知識集約型産業を基軸とした人間のための都市再生」とされた。多くの人がここで働き、住み、余暇を楽しむ、豊かで多様な生き方を可能とする新たなまちづくりである。

しかし、課題は多い。これまでも、交通網の整備は常に「問題あり」と指摘されてきた。フェリー、路面電車（ＬＲＴ）、バスなどの公共交通の充実、トンネルやインターチェンジの建設による通過交通の排除、ノラエルブストランデンを縦貫するハイウェーの建設、歩行者、自転車専用道路の建設とそれを取り巻く街路樹の植栽など、数え上げればきりがないほどにたくさんの施策が提示され、総合的な交通ネットワークの拡充が求められている。また、工場によって長い間汚染されてきた土砂の取り扱いや残された工業用軌道の扱い、大型車両の通過にともなう歩行者の安全性確保などの課題もある。

こういった課題にどう対応すべきか、都市マスタープランの改訂作業は課題解決の答えを探ることになる。また、各地区ごとの地区詳細計画の改訂作業も時代の早い動きに合わせるために進められている。ノラエルブストランデン開発株式会社は、一九九九年に市の都市計画局とともに共同で新たなプログラムを模索し始めた。それは、リンドホルメン地区とサンネゴーデン地区の土地利用と建築に関する詳細な計画を準備することであった。

このプログラムづくりはオープンに行われた。地域企業との会合が何度も開かれ、行政担当者、

ハッセルブラード株式会社の新社屋

研究者などが精力的にその仕事にかかわった。プログラムづくりのプロセスに関係者が最初から入っていることで権利者間の調整は進み、計画から建築に至る時間は短縮された。

フルスピードで進む

いま、企業の立地も住宅の建設も急速に進んでいる。エリクスベリ地区でも戸建て住宅が整備されつつあり、サンネゴーデン地区でもマンションの建設が進んでいる。

これからも、ノラエルブストランデンにはたくさんの企業が進出してくるであろう。世界的に有名なカメラ会社であるハッセルブラード株式会社もその一つであり、この会社はルンドビイストランド地区に新たな社屋を建設中である。ハッセルブラードは、一〇〇年以上も前から市の中心部にヘッドオフィスを置いてきたが、ちょうど川をはさんで反対側に建物を移すこととした。どうやら、エリクソンの動きに刺激されたものであるようだ。それは、ノラエルブストランデンにおけるインフラ整備が着実に進展していることと、企業や大学などとの密接な連携が進んでいることの証明である。

一九九八年一月、ルンドビィトンネルが完成し、フリーハムネンインターチェンジからブレッケインターチェンジまで（二〇三ページから参照）高速道路がつながった。ルンドビィトンネルによってノラエルブストランデンへの通過交通が排除されるとともに、当該地区への交通アクセスは容易なものとなった。

新たな企業群の集積や大学の開講により、通勤、通学する人の数は格段に増えた。この状況に対応すべく、二〇〇一年の春に新たなフェリーが一〇分おきにリンドホルメンとローゼンランド（rosenlund）の間を往復するようになった。だがこれは一時的な解決策であって、交通問題についての最終的な解決は将来にもち越された。

残された課題への明確な答えを探るための長い旅路はまだまだ続く。それでも、一定の方向性は見え始めており、可能性は非常に高いものとなった。

6―夢の実現に向けて～大いなる発展の第一歩

すべては二五年前に始まった。ヨーテボリ経済の大きな柱だった造船所は閉鎖され、深刻な危機が地域を襲った。長い時間をかけて試行錯誤の末にたどり着いた地平は、「知識集約型産業を基軸とした人間生活の場としての都市再生」という理念である。

今日、国、市、大学、研究機関、企業の連携により、ここには先端的な技術と知識の集積が生まれた。そして、生活し、余暇を楽しみ、ここで働く魅力的な「人間のための都市」が創設された。しかし、翻って考えれば、これらはノラエルブストランデンの大いなる発展の始まりにすぎない。引き続き、大きな変容が用意されているに違いない。

進歩は直線的ではなかった

「エリクスベリ85」計画の挫折、サンネゴーデンのコンソーシアムの解散など、二五年間はたくさんの失敗と試行錯誤の繰り返しであった。既成の条件や状況を変えていくには長い時間が必要である。かつての造船業時代を懐かしむ既存の価値観は、この地域の新たな動きに何度もブレーキをかけてきた。国の一〇〇万戸計画やヨーテボリ市の都市マスタープラン（初期計画）は、この地域を工業専用地域として縛り付けてきた。

変化の芽を大きな潮流に変えたのは、この地域の課題と可能性を知り尽くしたノラエルブストランデン開発株式会社などの現場担当者の冷徹な眼であり、そして地域への熱い思いである。エリクスベリ地区にあるソールハレンの改築が、その記念すべき第一歩であった。それは、ほかの地域にはない、ノラエルブストランデンの魅力の発掘であった。

この地域の潜在的な可能性とは何か、それは本当にあるのか、それをどう経済的な発展のための競争力に高められるのか、めざすべき新たな理念とは何か、このようなことが何度も何度も試されてきた。初期投資はどこまで可能で、その投資を市場が有効なものとして受け止められるのか否か、また本当に説得力のある具体的な提案なのかが常に厳しく問われてきた。

失敗もあったが、計画はさまざまな課題を乗り越えて進展してきた。国はスウェードヤード株式会社

修復型まちづくりの契機となったソールハレン

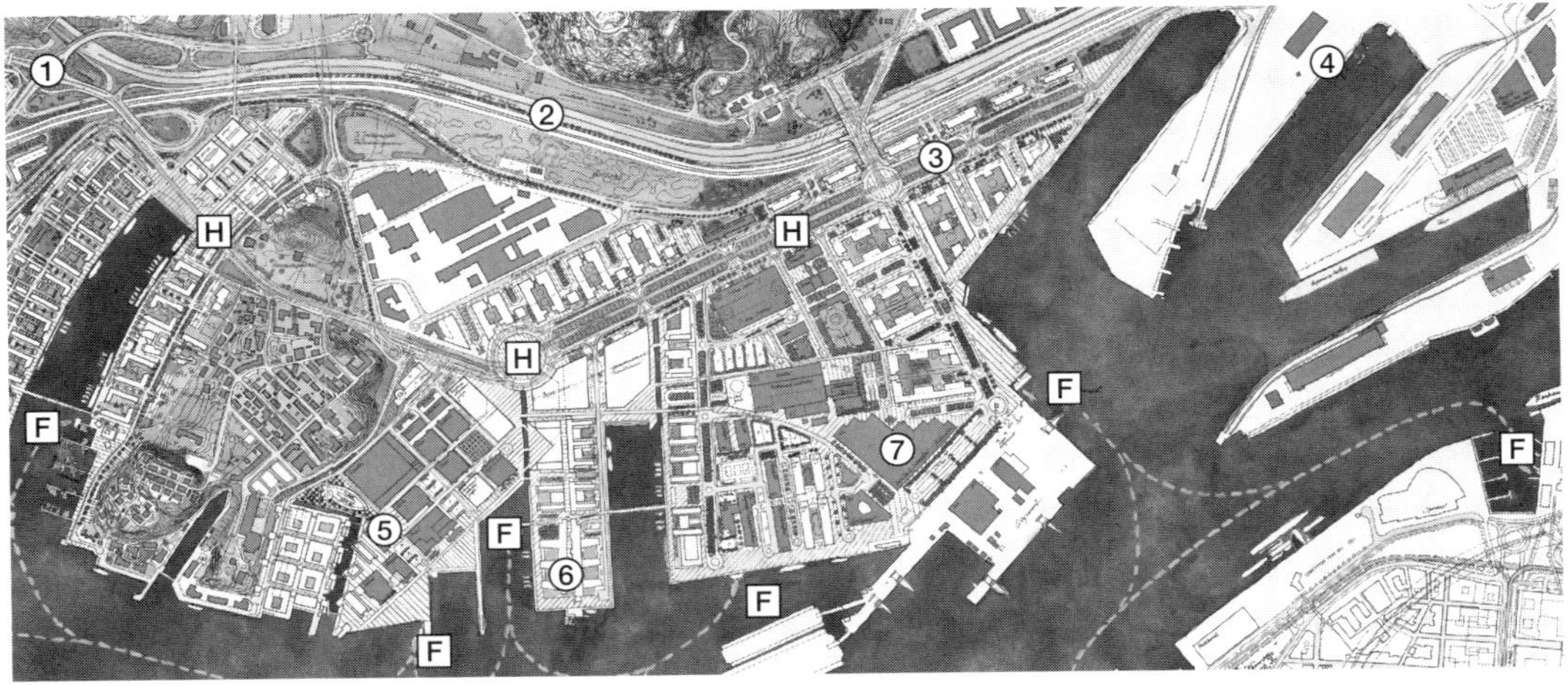

①エリクスベリインターチェンジ
②ルンドビィ・ハイウェー
③リンドホルム並木通り
④フリーハムネン地区
⑤リンドホルメン地区
⑥リンドホルメン港地区（サイエンスパーク）
⑦ルンドビィストランド地区

H 交差点
F フェリー乗り場

図3—1　ノラエルブストランデン（リンドホルメンを中心にしたもの）構想図
2003年現在、構想の大部分が実現されている。
（出典：Norra Älvstranden The Process）

の創設や研究機関の設置、新たな高速道路の建設など、地域の発展に多くの努力を惜しまなかった。市の所管する公営企業ノラエルブストランデン開発株式会社は、最大の土地所有者としてリンドホルメン地区のサイエンスパーク建設やエリクスベリ地区の施設整備に力を発揮した。ヨーテボリ市は、さまざまな批判を受けながらも公式の手順にのっとり市民の声を聞き、都市マスタープランの変更を着実に行ってきた。そして、シャルマー工科大学やヨーテボリ大学は、ＩＴ大学の創設に尽力するなど地域発展の方向づけに大きく寄与した。理念の確立と方向性の明確化が、さらに多数の企業と大学、研究機関の立地を呼び込んでいく。

古い工場群を再利用していかに競争力をもったものにできるか、そのためには地域のもつ可能性を信じてその魅力を引き出す多様な主体が存在すること、そして各自がその役割をきちんと認識し、精いっぱいの努力をしたか否かが問われる。つまり、各主体の力量が厳しく試されるわけだ。ノラエルブストランデンの苦闘の歴史は、さまざまな主体の共同作業が何にも増して必要であることを示す一つの事例として高く評価されるだろう。

ノラエルブストランデンの苦闘の歴史から学ぶ

いかにしたら、国、市、企業、大学など、さまざまな主体が効果的に連携できるのか。そして、そのためにも、その地域のもっている潜在的な力と方向性をきちんと見定めることはどうしたらできるのだろうか。地域発展のための一つの手がかりを知るうえで、ノラエルブストランデンの苦闘の歴史から日本の私たちが学ぶことは多い。

借り物の知識は、参考にはなっても本当の役には立たない。ＩＴ産業の集積地に到底向かない場所でＩＴ集積を叫んでも、誰も振り向いてはくれない。地域の歴史と文化をきちんと知り、地域の潜在力の上に立って初めて明確な方向性を打ち立てることができる。

世界的な競争が厳しくなればなるほど、最後には各地域のもつ潜在的な力が問われる。どれだけ地域の潜在的な力と各主体（アクター）の機能の集約を行い、それを計画としてきちんとまとめられるか……このことにすべてがかかっている。いま、ノラエルブストランデンは新たな挑戦に向けて刺激に満ちあふれている。今後、この地域は、世界屈指の知識集約型産業の一大集積地になっていくだろう。これまでの歴史と文化のうえに新たな発展が約束されていく。東インド会社の時代、造船所の時代、この地に暮らし生きた多くの人々の夢や期待を受け継ぎながら、この地域の独特な雰囲気を紡ぎノラエルブストランデンは新たな「人間のための都市」として再生し、生まれ変わっていく。この地域の発展は、ヨーテボリの都市発展に大きく寄与していくことだろう。

ノラエルブストランデンにどのくらいの投資が図られたのかは明確ではない。これまで、新聞紙上でノラエルブストランデンの紹介がなされるたびに、投資額の推計が行われてきた。次ページより、その一部を資料として掲げる。また、ノラエルブストランデン開発株式会社の決算状況（二〇〇一年度）もあわせて紹介する。

資料1　投資額について

〈ダーゲンインダストリィ紙〉は、一九八八年一一月一五日の記事で次のように言っている。

「新たな都市が生まれる。二〇〇億クローネのビッグプロジェクトが進展する。延べ床面積一八〇万平方メートルの住宅と商業用のスペースをもった、五万人のための複合市街地が生まれる」

〈ヨーテボリポステン紙〉は、二〇〇一年五月五日の記事で次のように書いた。

「事務所、ホテル、ショッピングセンター、たくさんの建物など、ノラエルブストランデンには、今後、五九億クローネが投資されていくだろう」

正確にその数字をきわめることは難しいが、この地域に対して一九八〇年代から一九九〇年代にかけて投資されてきた金額は九〇億クローネといわれている。各地域ごとの投資額を見てみよう。

●エリクスベリ地区では、住宅建設と施設修復のために一八億クローネが投資された。今後予定されている計画については一一億クローネの投資が予想され、総計では二九億クローネとなる。

●サンネゴーデン地区周辺では一〇〇〇戸の住宅が計画された。また、その地域の北川にショッピングセンターが開店した。エリクスベリインターチェンジの改造も計画されている。これらのプロジェクトの投資総額は一七億クローネになる。

●スロッツベリエット地区では、所有者用、賃貸用、学生の居住用など、さまざまな形態の住宅が約五〇〇〇戸建てられた。全体の投資額は五億クローネである。

●リンドホルメン地区では、建物更新と教育施設の建設が行われた。その後、シャルマー工科大学の施設を含め、おおよそ七億クローネが投資されている。さらに今後、リンドホルメン・サイエンスパークが建設される。ここでは、敷地一万二〇〇〇平方メートルに及ぶオフィスとホテルの建設、エリクソンのための五万平方メートルの事務所用地など、さらに巨大な建設計画が準備されている。これらの計画を含め、結果として二一億クローネの投資が行われることとなる。

●ルンドビィストランド地区では、事務所や作業場として延べ床面積一五万平方メートルが用意されている。古い建物の大半は保護され、新たな目的のために更新された。巨大な建物は改築され、ほかの小さな建物も修復された。投資額は、おおよそ五億クローネである。さらにここには、敷地一万一〇〇〇平方メートルのハッセルブラード株式会社の建物も予定されている。リンドホルメンインターチェンジが二〇〇二年までに造られる。これには五億クローネの投資が必要である。

●フェリエネース地区では、インターチェンジの改築が予定されている。フリーハムネン地区でも、スカンジナビアシーウェイのための事務所の建設が始まっている。これらは一・五億クローネの投資額となる。

以上が全体の投資額であり、一〇〇億クローネが見込まれるが、将来的には〈ダーゲンインダストリィ紙〉が述べている通り、二〇〇億クローネに近いものとなるだろう。

資料2　ノラエルブストランデン開発株式会社の決算状況

ノラエルブストランデン開発株式会社は、一九九六年、ヨーテボリ市が一〇〇パーセント株式を出資して創設した会社である。ノラエルブストランデンの開発に深く携わってきたものであり、同社はエルブスボリ橋とヨータエルブ橋にはさまれた開発可能な土地のすべてを所有している。開発計画の立案、建設、不動産の所有、賃貸、マーケティング、購入、売却などをその業務としている同社の二〇〇一年度の決算内容をまとめておく。

企業集団の状況

ノラエルブストランデン開発株式会社は、傘下の一四の子会社とともに企業集団を構成している。子会社のうち、株式会社フリーボデット不動産は、親会社と並んでグループ内トップクラスの規模の不動産を保有している。

事業の概況

事業は、出資者である市の発注によるものが多くを占める。ノラエルブストランデン開発株式会社の役割はノラエルブストランデン再開発事業の主体であり、触媒となって周囲に働きかけることである。業績には、二〇〇〇年度中に契約の結ばれた大規模事業の寄与するところが大であった。

これは総賃貸面積一一万平方メートルのテナント契約で、このうち約五万五〇〇〇平方メートルがエリクソン社向け、およびセムコン社向けである。

当期は、リンドホルメン・サイエンスパークとの協力関係も、リンドホルメン地区の発展に歩調を合わせるように大きく進展した。現在の目標は、同サイエンスパークに一体感を与え、テレマチック技術やモバイル・インターネット技術の研究を行う企業の設立を通じてさらに発展させることである。このような企業の設立によって、産業界と研究機関や新しく開校したIT大学のような教育機関との間で結ばれるべき協力関係の下地が形成されていく。

同社のプロジェクトは、当期も多数の継続案件の進展を見た。また、新規案件も数多くスタートしている。そうした中でも、特筆すべきものを次に掲げる。

●サンネゴーデン地区における八〇〇室分のアパート建設事業では、同社も含め地元不動産業界の四社が提携し、一つの企業連合体（コンソーシアム）として同地域の開発を請け負った。完成した物件は、公営住宅や一般の賃貸用に利用される予定である。

●リンドホルメン地区に計画中の「ナーヴェット・ビル」建設プロジェクトに関連して、昨年、株式会社ナーヴェット不動産が設立された。このナーヴェット不動産には、同プロジェクト完了までの期間中、NCC不動産株式会社が少数株主として加わる。

●フリーハムネン地区の「カイシュール107」改築工事も昨年完了し、改築後のテナント床面積は一万五〇〇〇平方メートルとなった。なお、昨年末以降、同社はフリーハムネン地区のすべての土地をヨーテボリ市港湾株式会社より取得している。これは、同地区のさらなる開発を包括的に進めることを目的としたものである。

当期の収益および利益（文中のカッコ内の数字は前期実績）

同社グループの当期の税引き前純利益は、五四六〇万（七五〇万）クローネとなった。これには、不動産売却によって生じた差益二九五〇万（三五五〇万）クローネと、そのほかの収益三〇〇〇万（二〇三〇万）クローネが含まれる。

グループ全体でのテナント収入は、一億一九五〇万（一億九〇〇〇万）クローネに達した。この増収は、賃料改定交渉が順調に進展したことと、保有物件数の増加によるものである。不動産賃貸管理事業の費用は総額五三一〇万（五九二〇万）クローネに減少したが、これはとくに、営業費用と物件維持費用が前期に比べて大きく減少したことによるものである。

償却前営業総利益は六六四〇万（四九八〇万）クローネに達したが、これを直接利益率に換算すると七・七（七・〇）パーセントに相当することになる。直接利益率のこのような数字には、当期、前期ともに年末になって完成したプロジェクトがあり、テナント収入が各期の一部分でしか得られなかったことが響いている。

販売費および一般管理費の総額は、八〇〇万（七〇〇万）クローネだった。そのほかの営業収益ならびに営業費用の収支はプラス二七〇万（プラス三〇万）クローネで、ここに計上された収益と費用はいずれも主にリンドホルメン開発株式会社関連の管理契約によって生じたものである。

以上により、当期の営業利益は六九八〇万（八七六〇万）クローネとなった。なお、金融収支はマイナス一五二〇万（マイナス一七一〇万）クローネだった。

保有不動産の内訳

二〇〇一年一二月三一日現在、同社グループの保有する不動産は、建物四四棟、総賃貸可能面積二〇万平方メートルで、そのほかにも五四万平方メートル分の建設権を未活用のまま有している。土地および建物の簿価総額は、当期末時点で一一億四七三〇万（九億七四六〇万）クローネで、このうち一億八七七〇万（二億九一〇万）クローネが遊休地の簿価となっている。約一年前に行われた外部による時価評価では、同社グループの保有する土地および建物の市場価格は簿価を十分に上回っているとの結果が示された。

資産売却

地域の開発を計画的に進めるためには資産の売却を通して投資資金を回収し、事業のさらなる拡大につなげてゆくことが必要となる。このことは、同社が責務遂行のために編み出した戦略の当然の帰結といえる。

投資活動

同社グループは、大規模な新・改築プロジェクトを数多く手がけている。グループ全体で継続中のプロジェクトの投資総額は二〇〇一年一二月三一日時点で一二億一五〇〇万クローネで、このうち二億三八〇〇万クローネが建設仮勘定に計上され、一億三七五〇万クローネが建物や工作物の工事に使用された。グループ内ではこのほかにもヨーテボリ・フリーハムネン株式会社が「カイシュール107」に一億一八二〇万クローネを投じており、最終的な投資総額は一億三五〇〇万クローネと見積もられている。

同社グループが当期中に投資を行った主な大規模案件は次の通りである。

●**エリクスベリ・ショッピングセンター建設プロジェクト**――本プロジェクトには現在までに一億七五二〇万クローネが投資され、うち当期の投資額は一億二八七〇万クローネだった。最終的な投資総額は、およそ一億八〇〇〇万クローネを見込んでいる。

●**ルンドビィストランドの旧金属加工工場改築プロジェクト**――カラン社向けに賃貸可能面積約六九〇〇平方メートルのオフィスビルを建設するこのプロジェクトには、これまでに四六五〇万クローネが投資され、うち当期の投資額は四一一〇万クローネだった。最終的な投資総額はおよそ八四〇〇万クローネと見積もられている。

●**シグマ社向けプロジェクト**――リンドホルム埠頭に賃貸可能面積約一万平方メートルのオフィスビルを建設するこのプロジェクトには、当期、五二七〇万クローネが投じられた。最終的な投資総額は、一億八五〇〇万クローネを見込んでいる。

●リンドホルム港地区からルンドビィストランド地区におけるインフラ投資——リンドホルム並木通りを含むこの一帯には現在までに四〇七〇万クローネが投資されており、このうち当期の投資額は三〇七〇万クローネだった。なお、当期の不動産取得額は二一七〇万（四七一〇万）クローネで、そのうちの主なものは、サンネゴーデン西地区で長期の賃貸契約を解除して取得した借地権付建物と、同じくサンネゴーデン西地区で取得したビルだった。

資本調達の状況

当期末の自己資本金額は六億一五九〇万（五億五二六〇万）クローネで、これは自己資本比率四二（四四）パーセントに相当する。当期末の有利子負債残高は七億五五〇〇万（五億五〇六〇万）クローネで、その内訳は、ヨーテボリ市からの融資が四億五五〇〇万クローネ、ハンデルスバンケン銀行からの長期借入れが三億クローネとなっている。

第4章

未来に向けての着実なステップ

～都市マスタープランを中心に

これまで、ノラエルブストランデンの現況をたどり、二五年間にわたる地域の変容を眺めてきた。本章では、まちづくりの基本である都市マスタープランとそれを具現化した地区詳細計画を中心に説明していく。また、ノラエルブストランデンの発展のためのキーとなる交通計画の進展具合と、リンドホルメンのサイエンスパークに創設された新たな大学の姿もあわせて紹介していく。これらを通じて、この地区の将来の姿が明らかになっていくものと思う。

1—「人間」のための都市再生〜都市マスタープランを中心に

「計画なければ開発なし」、これはスウェーデンの都市計画を的確に表す言葉である。(1)

スウェーデンの都市計画は、三層により成り立っている。都市マスタープラン、地区詳細計画、開発および建築許可の三層である。都市マスタープランは都市の基本理念と目標を概括的かつ総合的に示すものであり、地区詳細計画は、都市マスタープランに基づき各地区ごとの具体的な土地利用の内容を定めて開発計画のコントロールを行うものである。地区詳細計画が認めた範囲内でのみ、開発のための権利が発生して建築が許可される。

第3章でノラエルブストランデンの二五年にわたる変遷を見てきた通り、都市マスタープランは単なる希望や夢ではない。地方政府がまちづくりの権限と責任を有し、都市マスタープランに描かれたものが地区詳細計画として具現化されていくがゆえに都市マスタープランはそのまま都市の将来像を指し示すものとなる。

　のちほど具体的に地区詳細計画の内容を説明していくこととなるが、地区詳細計画には各地域ごとに土地の利用条件が詳しく書き込まれる。そして、その内容は明確である。開発地域における建設可能な住宅数、最大床面積、色やデザイン、建物の高さ、階数、安全性、耐火基準などの建物の内容から衛生上の配慮、盛土、掘削、樹木伐採制限に至るまで建築許可の条件を具体的に示すことにより、都市としてのまとまりやその地域の将来像が明らかになる。

　ここでは、ノラエルブストランデンに関する都市マスタープランの記述を足がかりに、人間都市の確立に向けた方向性を見ていくこととする。

人間のための都市再生に向けて

「都市マスタープランが提示する〝人間のための都市〟とは、きめ細かなサービス、よい学校、手入れの行き届いた緑、家族の皆が楽しめるバラエティに富んだアクティビティー、そんなさまざまな要素を備えた街を意味します。ノラエルブストランデンは、水辺の個性豊かな環境に人間

（1）拙著『スウェーデンの分権社会』（新評論、二〇〇〇年）七二ページ以下において、日本の現況と比較しながらまちづくりの姿を説明している。

ノラエルブストランデン開発株式会社代表取締役
ラーシュ・イーヴァション氏

的な出会いの場を理想的な形で提供しています。新しい建物も既存の建物も、ヨータ川やそのほかの環境と調和しうまく混じりあうように設計され、人と人が集う豊かな空間が創出されていきます。多くの人の力で、人間のための都市を創生する取り組みは道半ばまで達しました。ノラエルブストランデンの開発がここまで進んだことは、信じ難いほどの成果と言わなければなりません。しかし、ゴールまでにはまだ課題も山積みです」

こう語るのは、ノラエルブストランデン開発株式会社代表取締役のラーシュ・イーヴァション（Mr. Lars Ivarson）氏である。ノラエルブストランデン開発株式会社は第3章でたびたび登場してきたが、この地区の開発事業を先導し運営する会社であり、ヨーテボリ市が一〇〇パーセントの株式を保有する公営企業である。ラーシュ・イーヴァション氏はさらに続ける。

「地区を襲う景気低迷の影響を、当社はまともに受けてきました。しかし、ヨーテボリ市がすでに整備をすませていた都市マスタープランのおかげで、私どもは昨年も開発の手を休めることなく事業に邁進することができました。そうして私どもは、ヨーテボリで、そしておそらく国内全域の中でも、いまもっとも伸びているこの地域のポテンシャルを証明することができたのです。ノラエルブストランデンは、いずれ『起業家精神』、『創造性』、『知識』、『クォリティー』、そして『豊かな環境』といった意味をも人々に思い起こさせる言葉になってゆくことでしょう」

イーヴァション氏が語るように、都市の基本理念と目標のすべては都市マスタープランの中に書き込まれている。そうだからこそ、都市マスタープランの策定には綿密な調査とそれを前提とした多様な議論が必要となる。そして、ひとたび都市マスタープランが定められれば、その改訂には多くのエネルギーが費やされる。どんなに優れた計画であろうとも、時代状況の大きな変化により計画は古ぼけ時代の動きにあわなくなっていく。

第3章で見てきた通り、当初の都市マスタープランはノラエルブストランデンを工業専用地域として位置づけ、地域活性化のための新たな動きを認めなかった。さまざまな試行錯誤の末、当初の都市マスタープランが改訂されたのはずっと遅く、一九八九年のことであった。第2期の都市マスタープランは、「親しみあふれる複合市街地」という言葉でノラエルブストランデンを位置づけ、新たなまちづくりの一歩を踏み出した。それから一〇年、さらなる時代の変化の中で都市マスタープランの改訂が行われた。それは、ビジネス、文化、レクリエーションなどの異なる機能の複合をめざすものであり、研究開発など知識集約型産業を基軸とした人間のための都市再生を基本的なコンセプトとするものである。

リンドホルメン、その次はフリーハムネン

図4－1を見ていただきたい。これは二〇〇〇年の都市マスタープランに描かれたもので、ノラエルブストランデンにおける開発の力点が、エリクスベリ東地区、リンドホルメン地区、ルンドビィストランド地区に置かれていることを示すものである。

その中でも、とくにリンドホルメン地区に創設されたサイエンスパークは、ヨーテボリ地域の発展を握る鍵である。産学連携によって生まれたＩＴ大学や参加企業へのサービスの強化を狙ったナーベットの建設など、リンドホルメン地区において特筆すべき事項はあまりに多い。それとともに、リンドホルメン地区を席巻している新築ラッシュの物凄さには驚嘆する。シグマ、セムコン、エリクソンなど、今後一年ほどの間にサイエンスパークへ進出予定の企業だけでも約四〇〇〇人分のオフィスを提供することとなる。これら企業群と大学や高等学校などとの密接な連携が図られることで、リンドホルメン地区に世界をリードするサイエンスパークが完成する。

そして、将来に目を向けるならば、次なる開発対象はフリーハムネン地区だといわれている。ノラエルブストランデン開発株式会社は、最近、この地区への関与を深めつつある。前出のイーヴァション氏は、フリーハムネン地区への展開について次のように述べる。

「フリーハムネン地区の一帯は、ノラエルブストランデン地域の中でも実にエキサイティングな地域です。何しろ、街の中心部に位置する三〇万平方メートルの土地なのですから。ちょうどいま、ヨーテボリ市の建築委員会がこの地域全体を対象にした包括ビジョンの策定に取りかかって

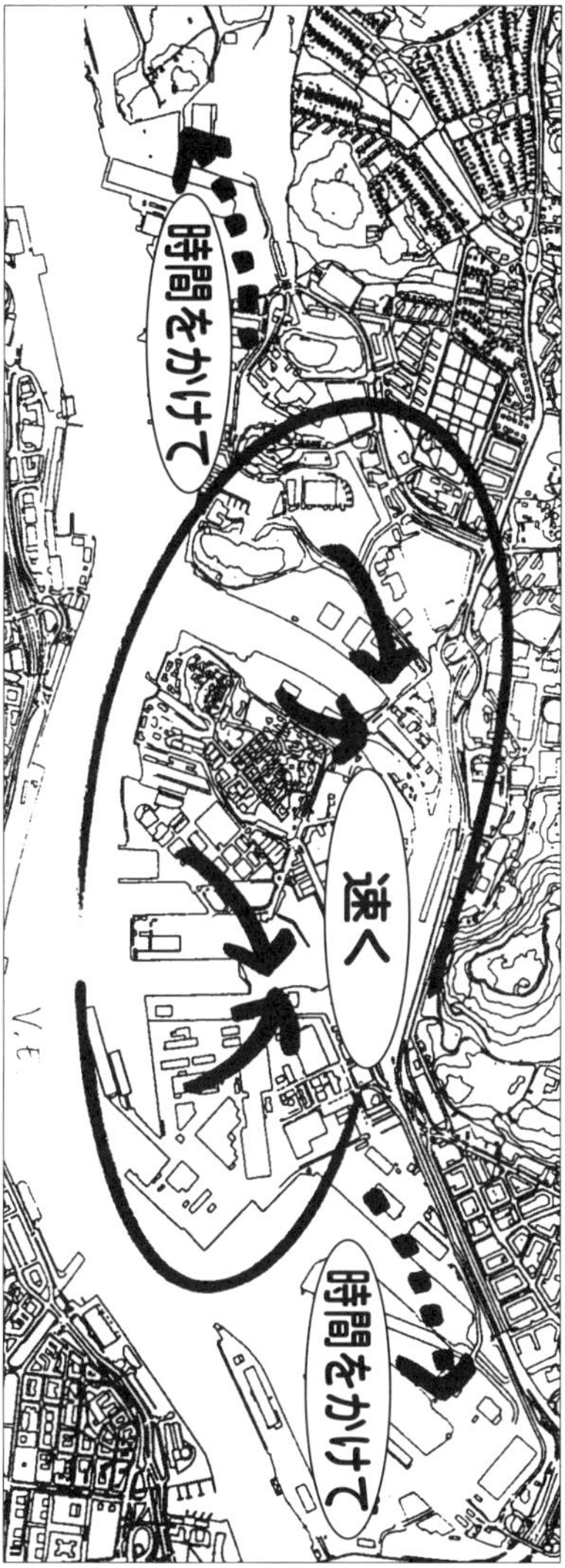

図4−1　リンドホルメン地区、その次はフリーハムネン地区

いるところです。今後、関連の仕事がわれわれのところに発注されてくるのではないかと考えています」

第2章ですでに見た通り、フリーハムネン地区にはイングランド行きの旅客ターミナルが完成されるなど、片時も目の離せない地区となっている。

二〇〇〇年の都市マスタープランの内容

次に、都市マスタープランに描かれたノラエルブストランデンの内容をご紹介しよう。これは、人口推計、環境と安全、土地の所有、都市景観、交通、計画と基準といった項目から成り立っている。以下において、その一部を掲載する。

人口推計——都市マスタープランはその冒頭で、ノラエルブストランデンに関する人口推計を行っている。二〇〇〇年現在、二三〇〇人がここに住んでいる。一二〇〇人はエリクスベリ地区のマンション群に居住し、一一〇〇人がスロッツベリエット地区の瀟洒な住宅街に暮らしている。また、現在ここで働く者は約六〇〇〇人で、高校生、大学生など一万人の学生がいる。

今後、サンネゴーデン地区やリンドホルメン地区などの開発により、二〇一〇年には居住者が一万二七〇〇人増加して、一万五〇〇〇人になると都市マスタープランは推計している。また、雇用者は一万四三〇〇人増加して二万三〇〇〇人となり、学生は二〇〇〇人増えて一万二〇〇〇人になると試算している。

環境と安全――都市マスタープランが多くのページをさいているのが「環境と安全」であり、車の排気ガスのことや汚染された土壌について説明している。

スウェーデンの環境保護法は、すべての計画が準拠すべき環境基準を設定しており、都市計画といえどもこの基準からはずれることはできない。都市マスタープランは、都市開発にあたって厳格な基準の遵守を規定している。ノラエルブストランデンでの必要な課題の第一は、車の排出する窒素酸化物濃度にかかわるものである。基準を超える危険性のある場所は、交通量の激しい道路周辺である。都市マスタープランは、通過交通をよりスムーズにするための道路網の整備やインターチェンジの建設、路面電車（ＬＲＴ）やバスなどの公的輸送機関の拡大、一定の基準を満たさないディーゼル車の取り締まりなど、総合的な施策展開を求めて環境に対する最大限の配慮をうたっている。

また、産業廃棄物などによって汚染された土壌についても厳しい基準を提示している。一九八九年の第二期都市マスタープランの策定時に産業廃棄物によって汚染された土壌に対する総合的な調査が行われ、詳細なデータが蓄積された。**図４－２**で、実線によって囲まれた部分が土壌汚染地域である。

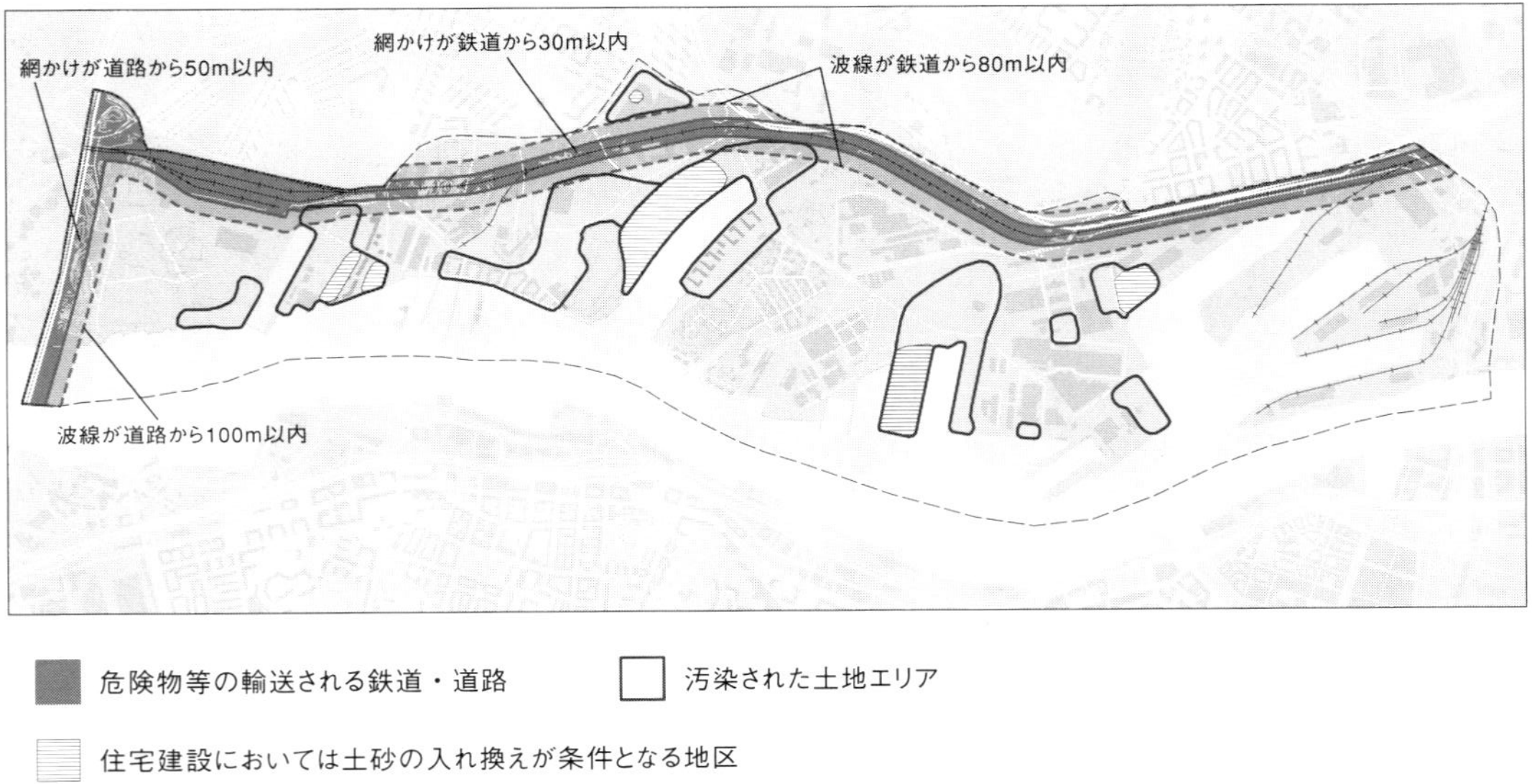

図4―2　環境と安全（都市マスタープラン）
（出典：Norra Älvstranden The Plan）

エリクスベリ地区やサンネゴーデン西地区の土のサンプリングと解析により、主に地表から一メートルから二メートルの所に砒素が集中していることがわかった。これは長い間にわたって、この地域で石炭が堆積されてきたことに起因する。砒素で汚れた土は表面に近い所にあり、その地域の計画的な利用を考えた場合には人間にとって非常に危険なものとなる。また、クレオソート[2]やトルエン[3]なども相対的に高い濃度となっており、これも過去の土地利用の影響によって局地的に高い値となっている。サンネゴーデン西地区の再開発にあっては、すべての土壌を入れ替え、完全に害のないレベルまで環境改善を行うということを前提として計画的な利用が認められている。

リンドホルメン地区でも土壌は重金属の高い濃度を示していた。ここでも、開発を行う早い段階で汚染された土が運び出され、その後の調査で安全性が確認されたうえで土地利用が決定された。ルンドビィストランド地区近くの桟橋の下からは、昔あった陶磁器の工場の名残の焼けた汚泥や破片などが見つかった。フリーハムネン地区では、土壌調査によって油で汚染されていることがわかった。また、操車場からはＰＣＢや金属などが検出されたが、総量は少ないものであった。

（2）ブナ、ナシ、モミジ、マツなどから得た木タールを蒸留して精製したもの。無色または微黄色の澄明な液で特異なにおいがある。

（3）分子式「C_7H_8」。特異なにおいをもつ無色の可燃性の液体。石炭のガス軽油やタール軽油から得られる。

都市マスタープランにこのようなことが記述されることで厳しい環境基準が達成され、市民生活の安全が守られることになる。

さらに、都市マスタープランは、危険物質との関連で土地利用において遵守すべき明確な規準を提示している。今日、工場で使用される危険物質がエルブスボリ橋を通ってトラックで搬送されるか、またはヨータ川から船で運び込まれている。そこで、物質が輸送される道およびその周辺に沿って建築規制を行っている。**図4-2**で示された通り、以下のようになっている。

❶鉄道から三〇メートル以内に建物は建てられない。さらに、鉄道から八〇メートル以内に住居用建物を建てることは禁止。

❷道路から五〇メートル以内に建物は建てられない。さらに、道路から一〇〇メートル以内に住居用建物を建てることは禁止。

さて、このような厳しい環境基準に、開発事業者であるノラエルブストランデン開発株式会社はどう対処したのだろうか。前出のラーシュ・イーヴァション氏は次のように言う。

「私どもが環境問題への取り組みを始めてから早くも四年が経過しましたが、その間、私どもはそうした取り組みの進捗状況を毎年報告してまいりました。一九九八年には独自の環境指針も制定し、それ以降、とくに次のような分野で鋭意努力をしております。たとえば、建設現場における環境有害物質の取り扱いですが、土壌の質を保つため、地区内のすべての工事現場において定められた手続きに従って作業を行っております。すべての土壌を入れ替え、完全に害のないレベルにまで土壌の改善を進めました。そして、運搬、貯蔵、使用ならびに再使用のたびごとにその分量を記録して文書化し、いつでも疑問に答えられるようにしています。また、コンクリート、アスファルト、砂利、敷石、腐植土については多大な分量の再利用を図りました。

エネルギー管理についても、昨年は、ビルなどの建築物用にエネルギーを購入する事業者に対して環境管理システムを備え、環境問題に対する各自の取り組みを進めることを求めました。ルンドビィストランド地区内の建物は、昨年中にそのほとんどを市の集中暖房システムに接続し、同時に中央管理システムにも組み込みました。これにより、エネルギー使用量の削減とさらなる効率化が見込まれます。

さらに、ルンドビィストランド地区では、雨水や雪解け水を一般の排水とは別に処理するための下水の分別処理を進めました。新たに開店したエリクスベリのショッピングセンターにおいては、降水処理システムへの負担を軽減するため、雨水の一時貯水槽を地下に設けました。これ以外にも、交通輸送、物資やサービスの購買、管理部門とテナントそのほかの利害関係者とのかかわりといった点についても各種の取り組みを続けました。社内の各部門には環境に優しい製品を購入するよう『購買ハンドブック』を作成して配布する一方で、全社員を対象に環境管理システムに関するセミナーも開催いたしました」

ノラエルブストランデン開発株式会社は、都市マスタープランをはじめとした環境指標に対して、忠実にそして誠実に環境配慮を行っている。

土地の所有——図4－3からわかる通り、都市マスタープランは土地の所有状況についても説明している。現在、この地区最大の土地所有者はノラエルブストランデン開発株式会社である。これまでヨーテボリ市やヨーテボリ市港湾会社との土地交換を通じて、ノラエルブストランデン開発株式会社は地域の支配的な土地所有者となった。このほかにもたくさんの土地所有者がいるが、たとえばエリクスベリ地区では、ノラエルブストランデン開発株式会社を筆頭にヨーテボリ市、ヨーテボリ港湾会社、シャルマー工科大学が大規模な土地所有者となっている。

都市景観——一九八九年から二〇〇〇年の間に、ノラエルブストランデンの都市景観は大きく変わった。都市マスタープランは、都市景観の変容についても次のように触れている。

「ルンドビィストランド地区やフリーハムネン地区などに工業的な特質はいまだに残っており、多くの工場や建物において港にかかわりのある活動が続けられている。エリクスベリ地区やサンネゴーデン地区では、新たな住宅やベンチャー企業などの事務所に取って代わられつつあり、ヨータ川に面した南側の土手にはたくさんのマンション群が立ち並んだ。このように、伝統的な建物と新しい建物が交じり合いながらも見事な調和を保っているのがこの地区の特徴である。

図4−3　土地の所有者（2000年現在）
（出典：Norra Älvstranden The Plan）

自然の景観も少し変化した。市民を隔てていた急峻な崖には人の手が入り、市民が集う地域のレクリエーションエリアとして整備された。また、各地に公園が造られ、ヨータ川沿いの地域は親水空間として市民の憩いの場に生まれ変わった」

計画と基準――一九九〇年に地域開発は始まり、いくつかのプロジェクトが進められた。しかし、一九九〇年代初めのバブル経済の崩壊により、その進展はゆっくりとしたものになった。厳しい状況の中で、ヨーテボリ市はノラエルブストランデン開発株式会社とともにいくつかのプログラムやプランづくりを準備してきた。都市マスタープランは土地利用の方向性を**図4-4**で示し、現況と今後の課題についても次のように説明している。

❶フェリエネース地区は、レクリエーション地域としての方向性が示されている。だが、現時点では地区詳細計画にはまとめられていない。今後、地域調査を踏まえながら具体的な土地利用の方向性が記述されていく。

❷エリクスベリ地区は住宅群とオフィス整備を基本とし、すでに地区詳細計画が定められている。今後、地区詳細計画に基づいて開発が進められていく。

❸サンネゴーデン地区では、住宅群とオフィスの整備が示されている。東地区はすでに策定済みだが、西地区については地区詳細計画の決定までに至っていない。西地区のプログラムによれば、将来、三〇〇〇人が住み、一三〇〇人の雇用が生まれるとされている。

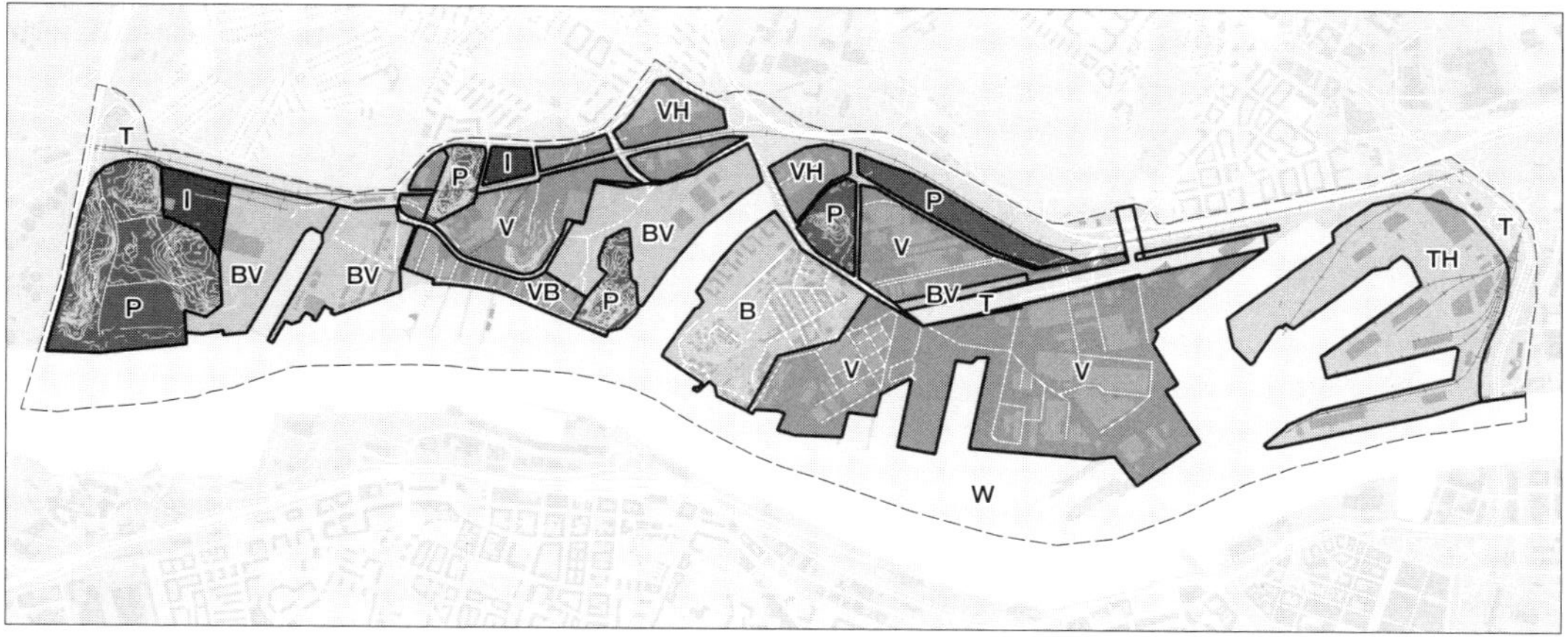

B　住宅ゾーン
BV　住宅を主体としたビジネス地区
VB　ビジネスを主体とした住宅地区
V　ビジネスゾーン
VH　商業地区
P　公園
I　スポーツ施設
W　ヨータ川
T　鉄道
TH　港湾地区

図4—4　将来の土地利用図（都市マスタープラン）
（出典：Norra Älvstranden The Plan）

❹ルンドビィトンネルの近くでは、二〇〇二年に敷地一〇五〇〇平方メートルのショッピングセンターが建設された。ここは、申請に基づき商業地区としての使用可能なように地区詳細計画が変更となった地区である。

❺リンドホルメン港地区では、オフィス街としての整備が始まっている。地区詳細計画は、この方向性に基づき、第一地区にエリクソン・モバイルデータデザイン株式会社など六万平方メートルの事務所スペースを定め、第二地区では二万五〇〇〇平方メートルの事務所スペースを定めた。

❻ルンドビィストランド地区についてもオフィス街の整備が方向づけられた。これに基づく地区詳細計画では、延べ床面積三万五〇〇〇平方メートルの事務所スペースが計画されている。

❼フリーハムネン地区では、工場群の整備と港湾地区としての方向性が示されている。

2―地区詳細計画とは何か

一六八ページにおいて、「地区詳細計画は、都市マスタープランの示す基本的な方向に基づき、土地利用を具現化するもの」と書いた。ここで、もう少し具体的にその内容に迫ってみたいと思う。それは、スウェーデンのまちづくりの骨格を明らかにすることであり、いかに詳細で緻密な計画がつくられ、その計画に従って忠実に開発や建築が行われているかを確認していくことでもある。ここでは、二つの事例を取り上げることにしよう。

第一は、サンネゴーデン西地区の地区詳細計画（案）の内容である。今後、市民意見を踏まえて具現化していくわけだが、相当に詳しい内容が描かれていることがわかる。

第二は、当初策定された地区詳細計画を変更する必要に迫られた場合どうするかということで、ここでも策定時と同じ手順を踏んで緻密で細やかな計画がつくり上げられていくことがわかる。ここに掲げた事例は、三〇〇〇平方メートルの小さな建物の階数を四階から二階または三階に変更しようとするものだが、こんな事例でもきわめて厳格な手続きがとられている。この二つの事例を見ることによって、地区詳細計画とは何であり、私たちが目にするスウェーデンの街並みがなぜ美しいのかを理解することができるように思う。

地区詳細計画の策定に向けて

ここで描く「サンネゴーデン西地区プログラム」は、二〇〇二年三月にヨーテボリ市都市計画局がとりまとめたものである。このプログラムは、今後つくられる地区詳細計画の初期段階のもので、今後、この素案は市民に提示され、各団体の意見により修正が加えられていくことになる。プログラムは、次のような項目から成り立っている。

❶計画の経緯と今後の見通し
❷地区の特徴
❸周辺地域との接続
❹都市マスタープランと造形計画の理念
❺道路
❻コミュニティ広場
❼プロムナード（埠頭遊歩道）
❽建物面の素材と色彩
❾照明および美的装飾具
❿住居の形態
⓫オフィス、店舗などのクオリティ
⓬公園

この各項目について、具体的で細かな内容が書き込まれている。そして、地区詳細計画に描かれた内容に反する建築や開発は認められない。以下、いくつかの項目を示

図４－５　サンネゴーデン西地区プログラム
（出展：GESTALTNINGSPROGAM VÄSTRA SANNEGARRSHAMNEN）

しながら地区詳細計画とはどのようなものかを紹介していく。

計画の経緯と今後の見通し——このプログラムは、総合計画の基本原則によりその内容を深化させたものであり、サンネゴーデン西地区の具体的な計画の記述である。最初に建設が始まるのは旧材木工場周辺と河岸近くの地域で、市民の憩う公園も早い段階で建設される予定である。

同地区の開発は、ノラエルブストランデン開発株式会社、リクスビッゲン株式会社（Riksbyggen）、ＪＭ株式会社、スカンスカ・スバリエ株式会社（Skanska Svenige AB）、ヨーテボリ・エグナヘム株式会社（GöteborgsEgnahems AB）の五社からなるコンソーシアム（企業連合体）によって行われる。当該コンソーシアムの開発に先立ち、建築委員会の命令により都市計画局がこのプログラムを作成した。

地区の特徴——第2章ですでに見てきた通り、サンネゴーデン地区は弓なりの入り江に建設された港である。長い間、ここの港は主に石炭とコークスの積み出しに利用されてきた。そのあたり一帯はそれまで農地であったが、今日では完全に整地され、一部がコンテナヤードとして使用されている。

図4－6にある通り、サンネゴーデン西地区は三つの地域に区分される。サンネゴーデンの港に面した部分（サンネゴーデン港地区）、エリクスベリ地区の後方にある部分（東エリクスベリ

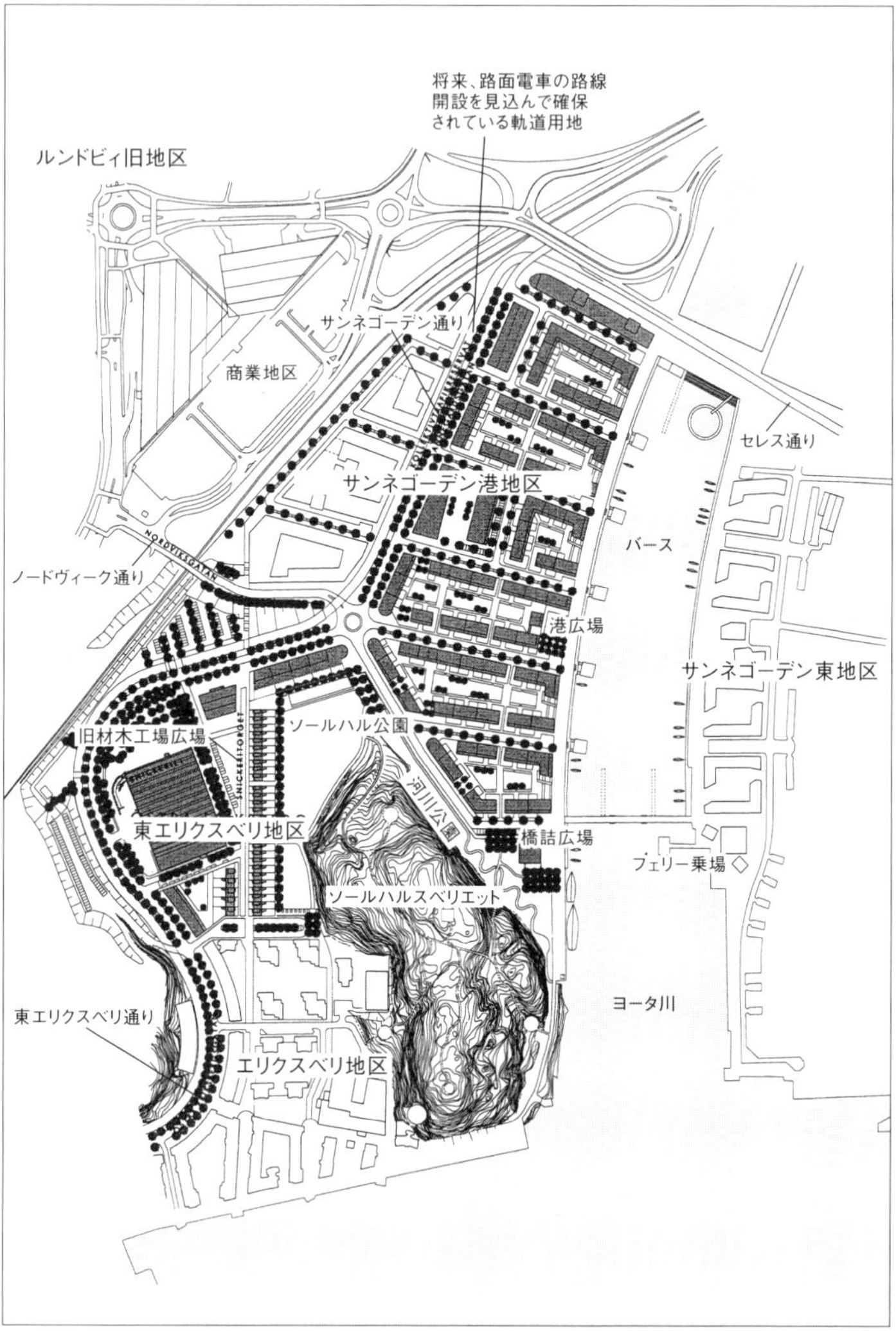

図4—6　サンネゴーデン西地区の全体構造図

地区）、そして両地区を明確に区分するソールハルスベリエット（Sörhallsberget）である。

サンネゴーデン港地区は、サンネゴーデン通りとソールハル公園、そして埠頭に挟まれている。この地区での建設は、水辺と公園への眺望を生かすことを基本とし、市民が水辺にアクセスできるよう自然の特性に配慮している。両岸で一体性をもたせるため、地区内の区画配置は対岸のものと対応させる。また、埠頭に面して立つ建物群を配置し、特徴ある弓なりの形状を強調する。水辺には、港広場と橋詰広場という二つの広場を設け、バース最奥部のサンネゴーデン港およびセレス通り北側の地区と向かい合う場所にも三番目の広場を設置する。

ソールハルスベリエットは、周囲の平坦な地形からは際立った形状をしている。ここにはむき出しの岩盤や散在する草地、生い茂る木立などがあって、変化に富んでいる。また、丘の上からはノラエルブストランデンや河口付近、そして市の中心部方向へのすばらしい眺めを楽しむことができるため、これらの特徴をうまく取り込んで魅力にあふれた地区にしていくこととなっている。

東エリクスベリ地区には、その昔、材木工場として使われていたスニッケリーエット（五四ページ参照）という古い建物が立っている。第一に開発が行われるのはこの地区であり、これら旧材木工場とその前の広場、そしてそこから河岸方向に伸びる道路の周辺に住宅群が建設され、将来、建物の周囲には駐車スペースと街路樹による植栽が施されていく。東エリクスベリ地区は、ソールハル公園への良好なアクセスと河岸方向への優れた眺望を特徴としている。

周辺地域との接続（街路の状況）――同地区の東エリクスベリ通りは、旧材木工場脇の駐車場から始まり、サンネゴーデン西地区で「サンネゴーデン通り」と名前を変え、港をひと巡りしてセレス通りに至る。この通りは、港湾道路を越えて北へ向かうノードヴィーク通りにも接続する。サンネゴーデン通りは、この地区の主要道路である。この道路沿いには、将来、路面電車（LRT）の路線開設を見込んで確保されている軌道用地が並行して走っている。

サンネゴーデン通りからは、サンネゴーデン港地区と東エリクスベリの二地区に至ることができる。通りの途中にあるロータリーには、北へ向かうノードヴィーク通りと、南の広場からさらにリンドホルメン方面に渡る橋にもつながる道などが接続している。港湾道路の上をまたぐノードヴィーク通りは、サンネゴーデン港および東エリクスベリ地区とルンドビィの在来地区とを結ぶものである。

都市マスタープランと造形計画の理念（庭園都市）――いつまでもとどまっていたくなるような庭園都市、これがこの地区のコンセプトである。そのために、通りや公園にたくさんの植栽を配置し、水辺や水上などのあらゆる場所に遊びやレクリエーションの場をつくり出すことになっている。水辺に誰もが簡単に近づけるようにし、またソールハルスベリエットの丘に登ったり、通りを散歩することが楽しいと感ずるように街並みの整備を行う。この地区のもつ自然環境や眺望の良さは、ここに住まう人々だけのものではなく、ここを訪れるすべて人のものである。

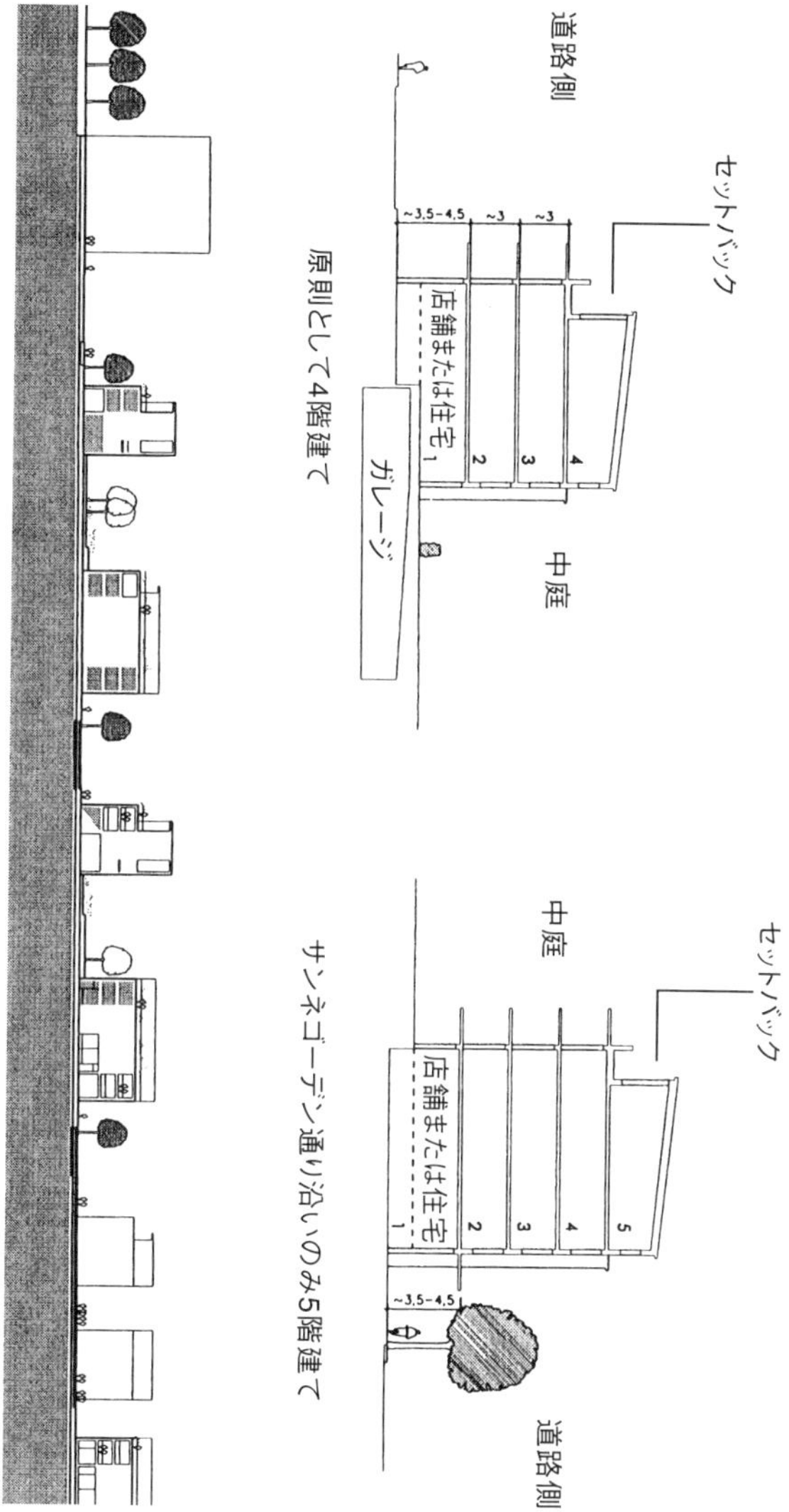

図4−7　低層住宅を基本として

ソールハルスベリエット近くの住宅　港広場付近の住宅　湾奥の住宅

図4－8　埠頭側水面への眺望シュミレーション

「庭園都市」の名にふさわしく、この地区とエリクスベリ地区とを分かつのは多数の低層の住宅群である。つまり、人を圧倒するような高層の建物を必要とせず、人や豊かな自然と調和できるように住宅は基本的に三階から四階建てとし、サンネゴーデン通り沿いでも五階建てまでとする。また、地区内にさまざまな世代の入居者が混ざり合えるよう、部屋数や間取りなど多用な形態の住宅を混在させる。

さて、さらに細かくここに配置される建物群を見てみよう。サンネゴーデン港地区は、サンネゴーデン通りと埠頭の間に挟まれた奥行きのある住宅区画で構成される。建物の造形については、前頁の**図4－7**からその内容が理解できる。

当地区の住宅は、基本的に四階建てとする。ただし、四階部分にはセットバック（後退部分）を設け、もっとも日当たりのよい側をルーフテラスとする。サンネゴーデン通り沿いの住宅にかぎっては、階数をほかより一階多い五階建てとすることで道幅の広い通りの重厚さを強調する。そして、同じように最上階の中庭側にはセットバックを設けることにする。

また、**図4－8**からわかる通り、区画内のどの住宅からも埠頭側水面への眺望が得られるように各区画は奥行きのある形状とされている。水面への眺望は、区画内道路越しの場合もあれば区画内中庭を通しての場合もある。

一九一ページの断面図（**図4－7**）にある通り、建物一階部分は店舗などの入居を可能にするため天井を高くする。住居として使用する場合には床を高く上げ、道路側からの部屋の内部が覗かれないようにする。

建物一階部分の住居については道路の反対側に中庭を設け、入居者のための専用庭とする。また、道路側が南面であれば、そちら側にも歩道より一段高い前庭スペースを設置し、花崗岩の囲い壁と植え込みを設ける。ただし、建物一階部分に入居しているのが店舗などの場合は前庭は設けず、その分、歩道のスペースを広げる。なお、区画内道路の車両通行量を抑制するため、ガレージ出入り口はサンネゴーデン通りに近い方に設置することが望ましい。

この地区の中庭は、緑豊かでバラエティーに富んだものとする。そのような中庭を実現するためには、植物の良好な生育条件が揃っていなければならない。中庭の中でももっとも日陰になりやすい部分の地下をガレージの設置場所にあて、もっとも日当りがよく、最高の生育環境を備えた場所を最大限活用する。また、地下ガレージを設置する場合、ガレージ上の土壌の厚みは芝生や植え込みが十分に維持できる程度でなければならない。建物一階の住居は中庭側に建物に接する形で専用庭をもつが、それ以外の部分は同じ区画内の住民全員の共用スペースとする。

図4－9にある通り、面積の広い中庭については区画内に小道を設ける。その場合、並び立つ建物の間にポルチコ（屋根付き玄関）などを設けて、中庭を通り抜ける小道への出入口とする。小道は近隣への近道となり、居住者の動線にバリエーションを与える。ただし、その利用は制限されたものとし、居住者以外の者の利用は差し控えるようオープンな性格をもつものとはしない。

プロムナード（埠頭遊歩道）——最後に、プロムナードの配置計画を見てみよう。プロムナードは、港地区の埠頭に面する地域のすべてに設置する。このことで、プロムナードは住宅地区と合体して一帯の背骨となり、弓なりの地形を生かしたプロムナードはサンネゴーデン西地区のシンボルとなる。また、水辺への市民のアクセスも良好なものとなる。埠頭の岸壁、桟橋、照明といった重要な

図４－９　建物内の中庭

要素は、港の東西両岸のいずれにおいても同じものとする。このプロムナードは歩行者および自転車の通行のみとし、車両の通行は想定していない。

次の**図4-10**を参照にしながら、さらに詳しく見ていこう。この内容からだけでも、この道を歩いてみたりベンチに腰掛けてみたくなってくる。

花崗岩を使用した埠頭岸壁（⑥）については、現状のまま保全する。岸壁には全延長にわたってそれに沿う桟橋（⑦）を設置し、四ヶ所に新たに設ける木製の階段を通って岸壁から桟橋に下りられるものとする。船をつなぎ留める柱も撤去せずに保全する。桟橋への身体障害者用の下り口として、プロムナード両端の二ヶ所にスロープを設ける。また、所々に浮き桟橋を設ける。この浮き桟橋を設けた箇所には岸壁から桟橋に下りる木の階段を設置し、桟橋と浮き桟橋の間はタラップで連結する。

照明（④）やベンチ（⑤）はプロムナードの中央に設置し、埠頭全体の雰囲気を醸し出すように配置する。ベンチは低くし、岸壁と同じ花崗岩を使って腰掛けることもできるようにする。岸壁のライン（⑥）と住宅側を走る花崗岩プレート（①）の帯で挟まれた地面は、現場打ちコンクリート（②）で舗装される。このコンクリート舗装は五メートル四方の正方形を一単位とし、岸壁のラインと並行する部分は廃材レール（③）で区切ることとする。廃材レール上面とコンクリート舗装の表面は、歩行の妨げとならないよう高さを同一に揃える。なお、この廃材レールは、

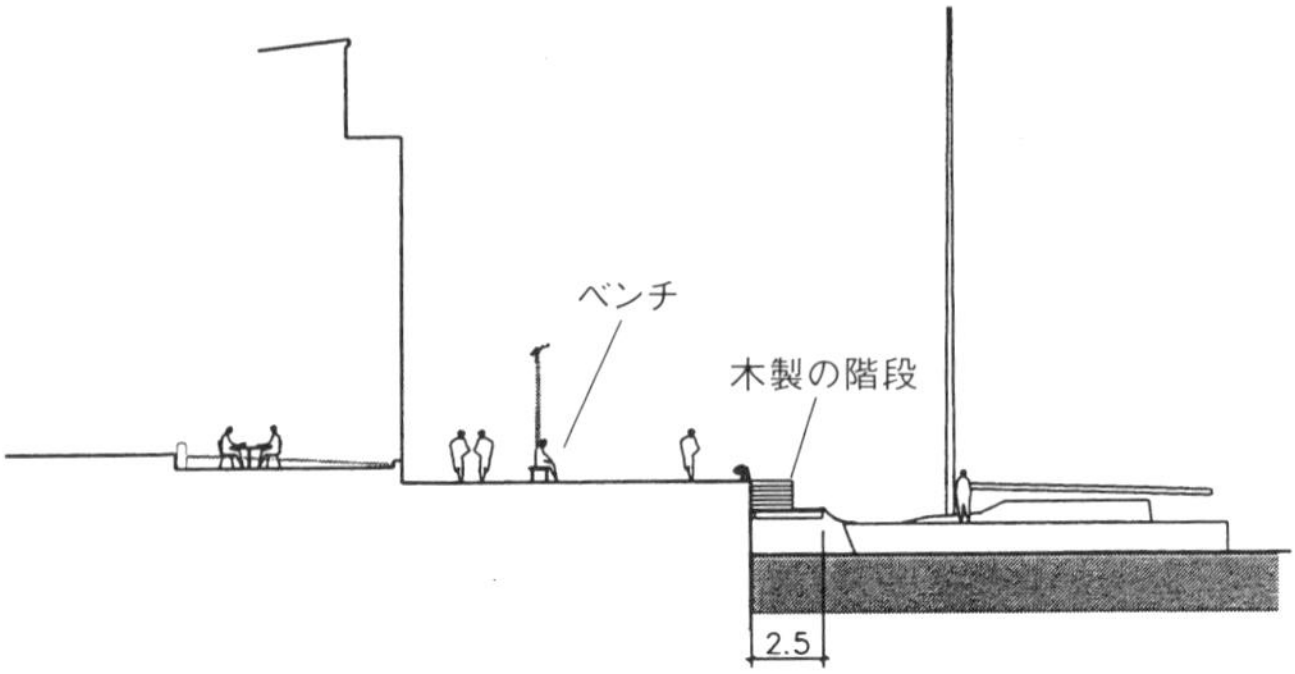

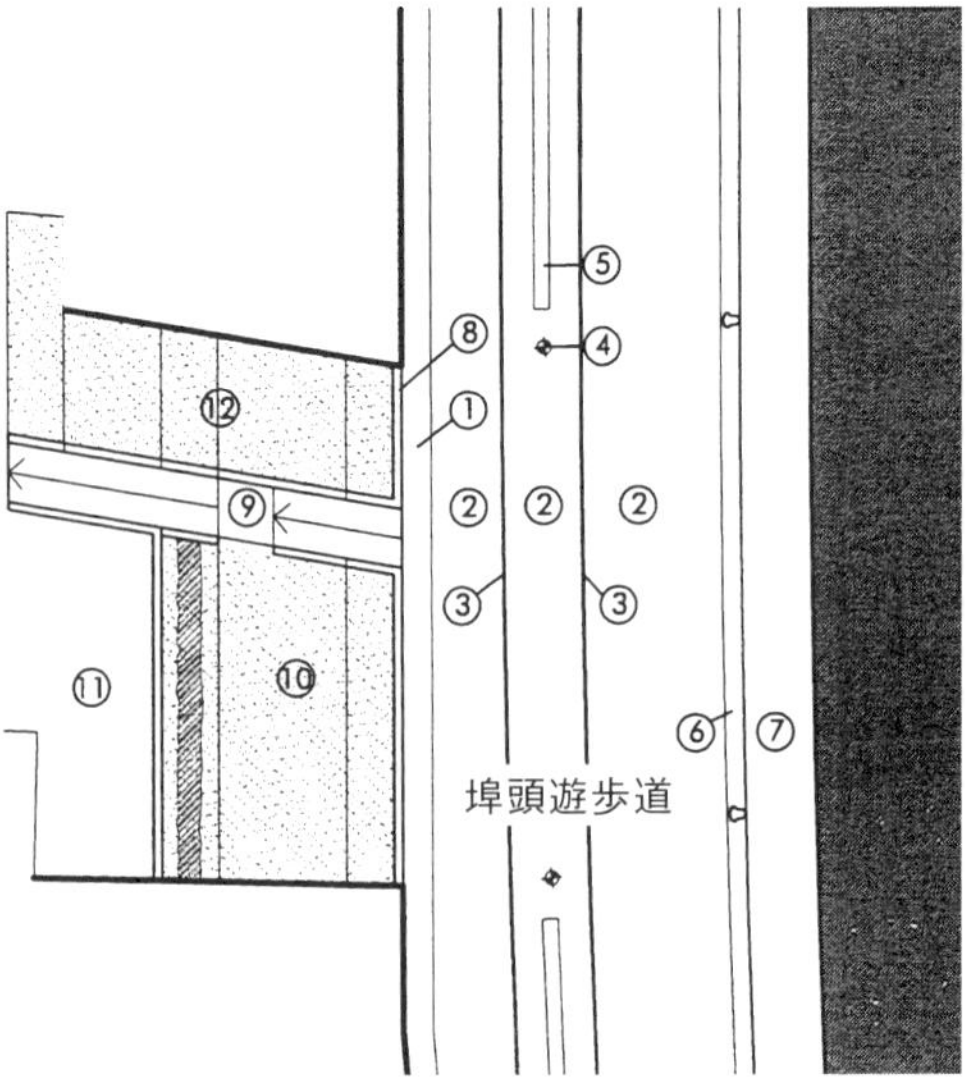

① 花崗岩プレート
② 現物打ちコンクリート
③ 廃材レール
④ 照明
⑤ ベンチ
⑥ 既存の埠頭岸壁
⑦ 木製桟橋
⑧ 擁壁
⑨ スロープ
⑩ 専用庭
⑪ 中庭
⑫ 芝生

図4―10　プロムナードの断面図および平面図

埠頭で使われていたクレーンの移動用のものである。

住宅の中庭（⑪）は、プロムナードの地面（②）よりも高い位置に置く。ただし、遊歩道側に高い壁を設置することを避けるため、高さの変化は約五〇センチメートルずつの二段階に分けるものとする。これにより遊歩道と中庭の間に生まれる中間レベルの部分（⑩）は、居住者のための専用庭スペースとする。

プロムナードと中庭は、階段ではなくスロープ（⑨）で結ばれる。スロープの途中には、専用庭と同じ高さの所で踊り場を設ける。プロムナードの擁壁《ようへき》（⑧）には花崗岩を用いて岸壁やベンチとの一体感をつくる。住宅側に接するプロムナードには、全延長にわたって幅一メートルの花崗岩プレートの帯（①）が走る。

以上は、地区詳細計画のほんの一部である。これだけの記述でも、いかに細かな規定があるのかがおわかりだと思う。どんな街が生まれるのか、一部分を読んだだけでもそのイメージがわいてくるし、開発が行われる前にいかに緻密な計画が規定されているかが理解できるだろう。

申請に基づき都市計画局が策定したこのプログラムは、今後、市民や各団体にわたされ十分な議論を経て具体化されていくわけだが、市民合意を経てまとめられた詳細な計画に基づいて開発許可や建築許可が下りることになる。

地区詳細計画の変更手順

前項で見てきた通り、地区詳細計画は厳しい規制を求める。だが、ある時点で望ましいとした計画も、時代の変遷につれて変更を余儀なくされる場合も多い。当然に、その時代の理解は年を経るにつれて古ぼけたものとなる。このような変化にどのように対処しているのか、厳しい規制と時代状況への柔軟な対応への手法について長らく私は理解することができなかった。

そこで、当時ヨーテボリ都市計画局の建築課長（北地区担当）であったケンス・ヨハンソン氏に尋ねてみた。彼は私の疑問にこたえるべく、サンネゴーデン通りに続くセレス地区の地区詳細計画の変更を事例として取り上げ、時間を追って説明をしてくれた。彼の示した地区詳細計画変更の内容と手続きは、以下の通りである。

リンドホルメン北部地域、セレス通り沿いの地区詳細計画の変更許可

一九九〇年三月、ソリダウス建築会社（Solidus I Göteborg AB）は、地区詳細計画に基づき建築許可を得た。**図4-11**はその位置で、サンネゴーデン東地区に面した静かな場所である。**図4-12**は建物の配置図であり、計画面積三〇〇〇平方メートルの敷地に四階建ての建物を五棟建設（六五戸）することが当初の地区詳細計画の内容であった。すでに建築許可は下りていて、通常ならば地区詳細計画の範囲内で建設が行われる。建築着工の期限は一九九

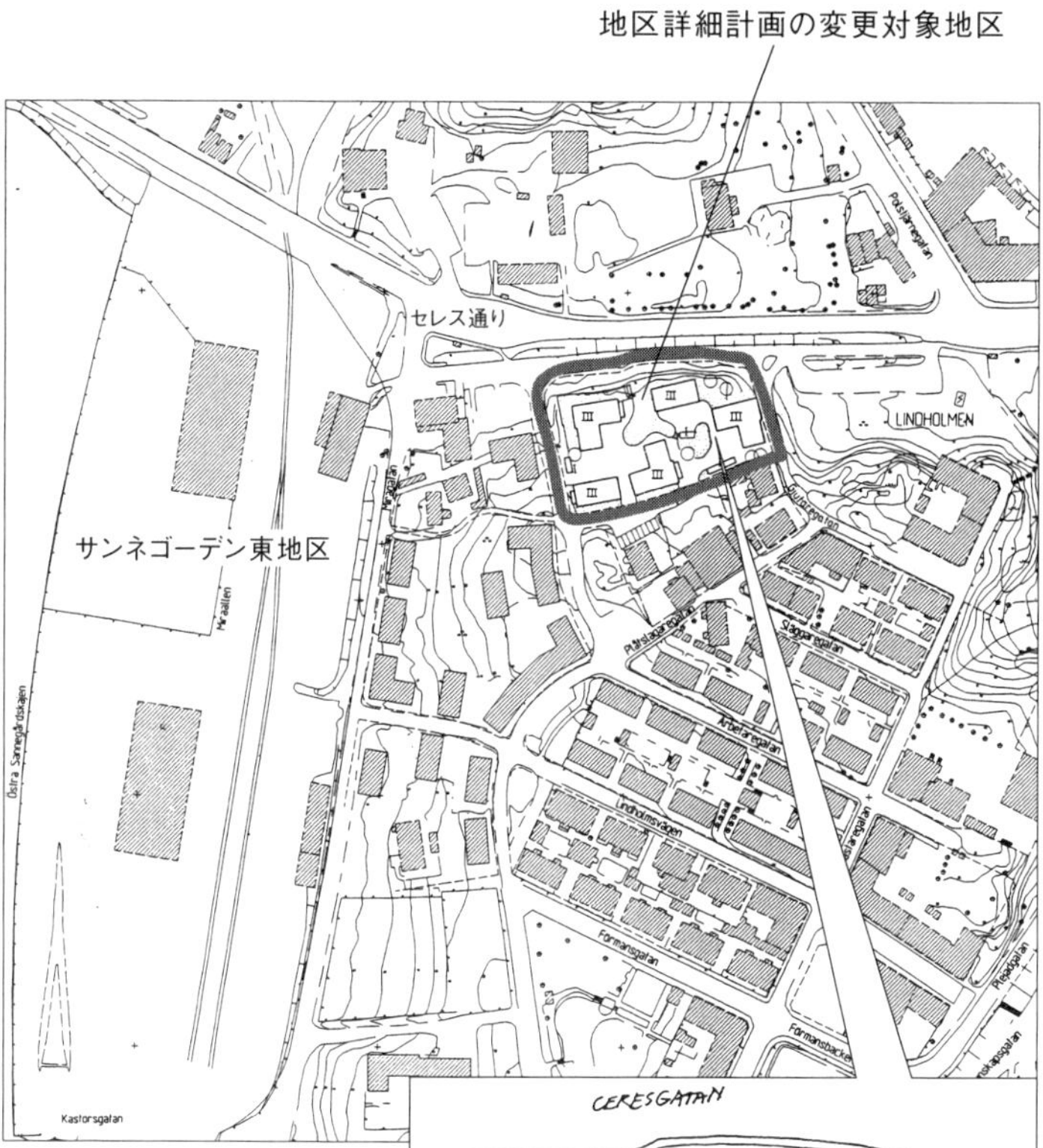

図4－11
地区詳細計画の変更手順①

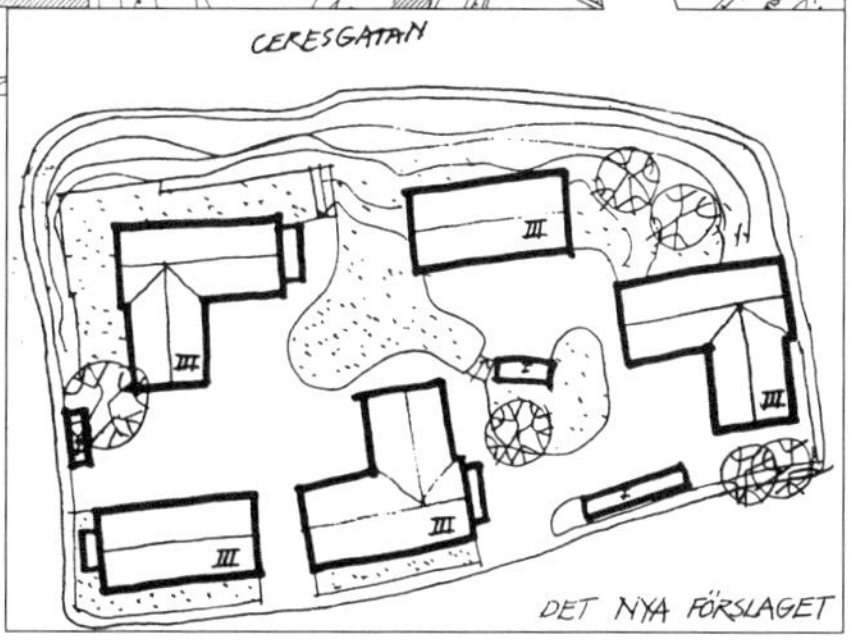

図4－12　地区詳細計画の変更手順②

六年九月までとされていた。しかし、経済状況は大きく変わり、市民の居住に対する嗜好にも変化があり、採算が取れるかどうか建築会社は長い間建築するのをためらってきた。

一九九六年一月、ソリダウス建築会社は地区詳細計画の変更を求めた。現行の四階建てを、二階建てまたは三階建てに変更することを求めたものである。五棟の木造住宅であることに変更はないが、部屋数は三五戸に減らした。三階建て部分にはエレベーターを設置する。平屋の貯蔵庫とゴミの集積小屋の併設を行い、中庭は活気あふれたものとするが植生は現況のままとした。

一九九六年三月、建築委員会は地区詳細計画変更の申請を受理し、地区住民や市民団体の意向を把握するための資料作成を都市計画局に作成するよう指示した。

一九九六年四月一六日、都市計画局は住民および市民団体に意見を求めるために資料の作成を行った。これは、いままでの地区詳細計画を改めて新たな計画をまとめたものである。この場合にも、通常の地区詳細計画の策定と同じ手順をとる。

内容は次の通りである。初めに、都市計画局長とともにケンス・ヨハンソン氏の名前があり、この地区詳細計画案についての責任が二人にあることを示すものである。

「この地区詳細計画は、一九九〇年三月一日に採択されたものである。この地区に建築を希望するソリダウス株式会社の意向に基づき策定した。今回の変更も同社の意向による。四階建ての住宅地区を、二階建てまたは三階建てとするものである」

このような記述の後に、サンネゴーデン西地区で見てきたような細かな記載が続く。項目と若干の内容を挙げれば次の通りである。
・地域の文化史（造船業の時代やその後の変遷）
・国関係機関の地区への要望事項（地域の歴史や伝統に配慮して建物を建てること）
・自然と植生（広葉樹のある高地）
・騒音（セレス通りに面するがそれほど深刻ではない）
・大気（大気測定結果により問題はない）
・計画の特性と内容
・公的サービスの必要性（コミューンの提供するサービスに変更はなく、既存の学校と保育園の使用で対応が可能である）
・交通アクセス（バスの停留所が近く、リンドホルメン地区のフェリー乗り場まで徒歩一〇分で行ける）
・技術サポート（上下水道管は敷設済み、電気と地域暖房も敷設済み）
・交通への影響（車の交通に影響なし）
・民間国防（新たに建物内に防空壕が装備される）
・建物の形状（地域の古い建物と同化することが条件。同じ高さ、家幅、屋根の斜度、明るい建物壁面、瓦、木枠の色、木造りなど）

・施行期間（五年以内）

・道路（舗装、照明の設置など）

一九九六年四月二四日から五月七日まで、都市計画局は関係行政機関、ソリダウス建築会社、近隣住民に対し、地区詳細計画の変更に関する意見の提示を求めた。また、同時に都市計画局と地元図書館で計画内容についての閲覧を行った。

一九九六年四月二四日に、都市計画局はリンドホルメン地区内で住民を対象とした説明会を行った。住民説明会に先立ち、計画案は地域の全住宅および事業所に通知された。また、高齢者団体や障害者団体など関係団体にも意見提示を求めた。このときに配布した資料は、決定の盛り込まれた計画図、計画報告書、実施報告書、イラスト設計図、基礎地図である。

一九九六年五月、当初、関係機関から次のような意見提示があった。エネルギー住宅供給局からは、セレス通り沿いに天然ガスの配管が通っており、作業に関して注意するよう忠告があった。とくに、倉庫や建材をこのパイプの上に置かないよう指示があった。上下水道局からは、セレス通りまでの二二〇メートルの配管の増築の指示があった。このほか、国県委員会からの意見提示はなく、また関係団体や市民からの意見提示もなかった。

一九九六年五月二〇日、都市計画局は建築委員会に結果報告を行った。

一九九六年五月二八日、建築委員会は変更の決定を行い、市議会への議案提示を決定した。

こののち市議会が議案を了承し、ソリダウス建築会社は事業実施が可能となった。現行の四階建てを二階もしくは三階建てに変更するといった場合でも、いかに緻密で細かな手順が必要とされるかがおわかりいただけたと思う。「計画なければ開発なし」、この言葉の重みを改めて感じる。

3—着実な交通計画の進展

交通網の整備は、ノラエルブストランデン発展のためにのど元に突き刺さった、長い間の懸案事項であった。ノラエルブストランデン開発株式会社の担当者も、「実際、そこには簡単に行けるのか？」というのが、新規開発プロジェクトに関する議論の中で我々が一番多く受けてきた質問だと語っている。

一九七〇年代、オイルショックにより造船所と港の活動が終焉した当時、貧弱なバス便が唯一の公共交通手段であった。もし、この地域が十分な潜在的な可能性を達成しようとするならば、もっとよい公的な輸送と道路網の整備が必要とされた。この地域の北側には高速道路が走っていたが、高速道路を経てノラエルブストランデンに入っていくためのインターチェンジなどのインフラが完成していなかった。

また、ヨータ川が交通アクセスを妨げ、市の中心部からこの地域に入るためにバス便の増設と水上フェリーの整備が求められた。想定されている計画が完成すれば、一四万の人々が毎日通勤や通学でノラエルブスランデンに移動することになるが、どのようにアクセスをよいものとするかが大きな課題であった。

現在、ヨーテボリ市交通局を中心に、交通問題解消を目指して多数のプロジェクトが進行している。これらのプロジェクトは、都市マスタープラン（第三期）に基づくものである。

次の**図4－13**を見ていただきたい。これは、二〇〇〇年の都市マスタープランの一部であり、この地域の交通網の整備内容をまとめたものである。図の右側にあるフリーハムネン・インターチェンジ（Frihamnsmotet）から図の中央にあるエリクスベリ・インターチェンジに至る太い線は、既設の高速道路を表している。エリクスベリ・インターチェンジからは、二キロにわたるルンドビィトンネルが左側にあるブレッケ・インターチェンジ（Bräckemotet）まで続く。

また、小さな円を結んだ実線はバス路線を示している。将来は路面電車（LRT）が敷設される予定だが、それまでの間、ストムバス（stombussen）という新しいバスが運行することとなっている。これは、ヨーテボリ中央駅とノラエルブストランデンの間を結ぶもので、五分間隔での運行を特色とする新型のバスである（二一二ページの写真参照）。

そして、ヨータ川や道路に沿って小さな点線で示されたものは歩道と自転車道である。人々が生活を楽しみ働く場所に出掛けるために、主要道路や川沿いを結ぶたくさんのルートがある。それだけでなく、水上ではシャトルバスの「エルブスナッバレン（Älv Snabbaren）」がリンドホルメン地区と市の中心部を結んでいる。ヨーテボリ市交通局局長のヨーナス・ヨハンソン氏（Mr. Jonas Johansson）は、次のように言う。

「交通サービスの利用者から寄せられるあらゆる要求に、短期間のうちにこたえることがわれわれにとっての最大の課題です。利用者の声にこたえるべく、この地区の交通網整備を真っ先に行

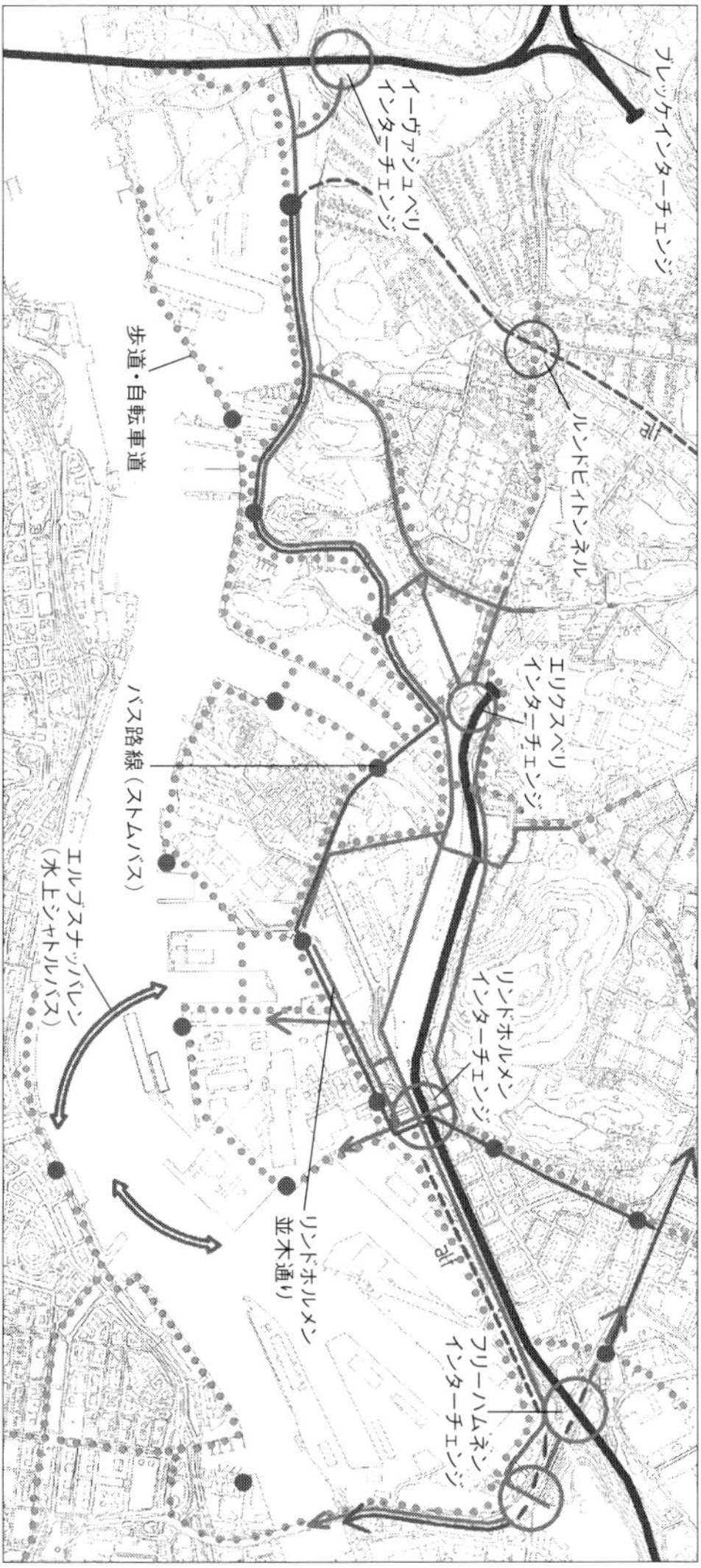

図4−13　2000年の都市マスタープラン

っていきます。今後、この地区の交通網がどのように整備されていくか、ぜひ注意を払って見てください。ノラエルブストランデンは、交通の面からも魅力的な地域に変わっていきます。

第一に、二〇〇二年後半にはリンドホルム並木通りが完成します。市民は緑豊かな街並みに出会い、これまでの工場地帯とのイメージとは一八〇度違う印象を受けるはずです。また、この道路が完成することで道はわかりやすくなり、もう迷うことはありません。

第二に、建設中のエリクスベリとイーヴァシュベリ（Ivarsbergsmotet）の両インターチェンジが完成することで、西方向からのアクセスと接続が著しく改善されます。リンドホルム・インターチェンジの改築も道路工事局の重要プロジェクトとして計画段階に入ってきました。

第三に、ストムバスの路線が来年初めに運行を開始すれば、公共交通にとって大きな飛躍となるはずです。市中心部までの所要時間が八分から一〇分ほどに短縮され、さらにその先のシャルマー工科大学やサールグレンスカ地区にも行くことができます。

第四に、エルブスナッペン社の水上バスも輸送力がアップし、市中心部への所要時間も一〇分となりました。

われわれが目指す目標は、効率的で安全で環境に適合した交通網の整備です」

交通局長の言葉は明快で歯切れがいい。それでは、局長の言葉に従い、もう少し詳しく交通計画の進展具合を見ていくことにしよう。

道路網の整備

この地区の道路網は、一九九八年のルンドビィトンネルの開通によって大きく変わった。先にも述べたように、これはエリクスベリ・インターチェンジとブレッケ・インターチェンジまでの二キロをつなぐものである。トンネルの開通にともない、ヨータエルブ橋の往来はスムーズとなりノラエルブストランデンを縦貫する二つの道路「ブレッケベーゲン（Bräckevägen）」と「ヒャルマー・ブランティングスガータン（Hjalmar Brantingsgatan）」の交通量も減少した。ルンドビィトンネルが開通するまでの一〇年の間に、リンドホルメン地区内道路の「カールアバグンスガータン（karlavagnsgatan）」などの自動車交通量は二倍になっていた。ノラエルブストランデン開発のためにルンドビィトンネルは、このような通過交通を排除するとともに東西交通をスムーズなものにするためにどうしても必要なものであった。

そして、ノラエルブストランデンの交通に大きな影響を及ぼしてきたのが、先に交通局長が述べたリンドホルム並木通りの建設工事である。これは、リンドホルメン地区からルンドビィストランド地区に至る全長八〇〇メートルの道路で、交通の要衝にあるため、この工事はずっと通行の妨げになっていた。だが、歩車道の分離や植栽など、プロジェクト全体が非常に明確な環境デザインに基づいており、地域のイメージを大きく変えるうえでもとくに重要なものであった。

リンドホルム並木通りは二〇〇二年四月に植栽工事が行われ、七〇〇本の菩提樹からなる並木道に変わった。ここは、二〇〇二年七月から一般車両の通行が可能となった。ノラエルブストラ

供用間近のリンドホルム並木通り

ンデンの東口玄関となるリンドホルム並木通りと、そこから水辺まで真っ直ぐに伸びる各街路は明確であり、地域の大きな動脈となっている。つまり、交通計画における重要な骨格がつくられたわけだ。

このように車交通のスムーズな流れをつくり出すとともに、フリーハムネン地区を除いたすべての地域で歩道と自転車道の拡張と連結が進められている。人間のための都市であるノラエルブストランデンにおいては、歩車道分離は当然のことであり、さらに歩道と自転車道も明確に区分されて整備が進むこととなっている。

駐車場不足の問題をめぐっては、市民の間で活発な議論が続いた。現在、ノラエルブストランデン開発株式会社は、エリクスベリ地区において立体駐車場を一ヶ所建設し、このほかにも同地区でもう一ヶ所の駐車場を造った。二〇〇二年には、エリクスベリ地区に四〇〇台の車を収容できるパーキングビルも建設した。

インターチェンジの建設

次に、インターチェンジの建設状況を見てみよう。私の訪れた二〇〇二年五月、交通問題の解決をめざして大きな工事が進行中であった。自動車道整備の一環として、あちこちでインターチェンジの建設が行われていた。**図4-13**（二〇五ページ）の中央部にあるエリクスベリ・インターチェンジと左側のイーヴァシュベリ・インターチェンジが建設の真っ最中であり、中央右側のリンドホルム・インターチェンジの建設工事も二〇〇三年には着工になるとのことであった。

また、エリクスベリ・インターチェンジでは、ノラエルブストランデンへのアクセスを容易にするためにロータリー、跨線橋、接続道路を含む全部の躯体工事が急ピッチで進められていた。ひっきりなしに通る車の波を妨げることなく、ルンドビィトンネルの横ではクレーンが鉄板をつり上げて決められた位置に運び、赤い作業服の建設労働者がそれらを一つ一つを見事に接合させていく。ノラエルブストランデンへの重要な入り口が完成していく瞬間である。

その後にここを訪れてみると（二〇〇三年五月）、次ページの写真の通りエリクスベリ・インターチェンジはすでに完成していた。ノラエルブストランデンへのスムーズな車の乗り入れが可能となるとともに、写真後方のショッピングセンターへの買い物も一段と便利になった。

イーヴァシュベリ・インターチェンジは二〇〇三年一月に完成した。この完成により、市内西

エリクスベリ・インターチェンジ
後方に新たにオープンしたショッピングセンター

方向からエリクスベリ地区に向かう車の流れはエルブスボリ橋にかかる手前で分岐できることとなり、橋を横断する車の流れを遮ることがなくなった。

リンドホルム・インターチェンジは、ノラエルブストランデンに流入する車のために建設を行うもので、従来から立体交差化が叫ばれてきた地点である。このリンドホルム・インターチェンジの建設工事は国の道路工事局が担当するプロジェクトで、工事費用はおおよそ二億六〇〇〇万クローネと見積もられている。事前調査の結果はヨーテボリ市でのレミス手続き(4)に付されており、着工は二〇〇三年秋となる見通しだが、レミスの結果によってはもう少し着工が遅れるかも知れない。

ストムバスの運行

二〇〇三年一月、新たなバス路線が開通した。これは、ノラエルブストランデンとヨーテボリ市中心部との間を運行するもので「ストムバス」という。このバスは、将来予定されているノラエルブストランデンへの路面電車路線延伸までのつなぎ役でもある。

ストムバスの運行間隔は短く設定されており、素早い乗降が可能なように乗降口を低くし、またバスがいまどこを運行しているかがわかるよう、高規格の電光表示が停留所ごとに設置されている。投入される一五台のバスはすべて新車で、専用のデザインが施されている。今回新設される路線により、朝夕のラッシュ時にはノラエルブストランデンとヨーテボリ中央駅前にあるニルス・エリクソンターミナル（Nils Ericson Terminalen）間での運行間隔はさらに縮まり、五分おきとなった。

第2章では、ヨータ川の雰囲気やヨータ川からの眺めをお伝えするために、フェリーに乗ってノラエルブストランデン各地区を訪れている。二〇〇三年一月にストムバスが運行されたことで、交通手段は多様なものとなった。現在、ストムバスはヨーテボリ中央駅前のバス停留所から、リンドホルメン地区、サンネゴーデン港地区、エリクスベリ地区を結んでおり、これら地区への交

（4）　レミスはスウェーデン特有の行政手続きであり、政府は政策によって影響を受ける団体に計画書を送付し、具体的な意見の提示を求める。関係団体は、自らの見解を表明する権利を有する。政府はこうした関係者への説明責任を果たすとともに、関係者の声を十分参考にして最終的な計画案をまとめる法的な義務がある。

通は格段に便利なものとなった。交通カードはフェリー、路面電車、バスのすべてに使用でき、自動スタンプ機の使い方も同じである。

市交通局の担当者は、「ストムバス(5)は、車とも競争できる質の高い公共交通をめざす取り組みの端緒となるものだ」と語ったあとに次のように話を続けた。

「交通需要への対処のためには、公的な輸送機関が民間交通と効果的に連携する必要があります。現在、各企業の運行する工業専用バスが多く運行していますが、リンドホルメン地区に多くの学生や労働者が増加することによって公的交通網の整備が厳しく求められます。水上シャトルバスの『エルブスナッバレン』などフェリー交通は増加しましたが、これ以外の公的輸送手段としては路面電車の路線拡張が最終的には必要です。交通局として

質の高い公共交通、ストムバス

は、土地利用計画についての明確な決定が下りた場合にいつでも利用可能なように、かつて使われてきた貨物路線を路面電車用の路線として用意しています。それが実現するまでは、ストムバスが中心となります」

水上シャトルバス「エルブスナッバレン」

二〇〇一年、市の中心部とリンドホルメン地区を直接に結ぶ水上シャトルバス「エルブスナッバレン」がスタートした。サンネゴーデン地区、リンドホルメン地区、ルンドビィストランド地区の開発が終了すれば、毎日一四万人の人々が通勤・通学にこの地域を往復することになり、公的輸送機関の役割はさらに重いものになっていく。水上シャトルバスは、このような状況に対して緊急避難的に対応しようとするものである。近い将来、路面電車やバス網が整備されたあとはエルブスナッバレン自体はその役割を終え、最終的にはヨータ川の両岸を結ぶ歩行用または自転車用の橋にその仕事を譲ることになる。

（5）「ストムバス」の「ストム（stom）」は「骨組み、枠組み」を意味する「tomme」に由来する。街の主要部分を網羅する太い骨組みのような路線であることからこの名がつけられた。ストックホルムなどほかの都市でも運行されているが、一般的な特徴としては、運行間隔が短く、待たずに乗れるよう専用レーン走行区間が設けられている。ＩＴ技術をもとに機能強化が図られており、停留所には次に来るバスの位置情報が表示される。信号もバスの接近に連動して青に変わる。

ヨータ川の両岸を結ぶエルブスナッバレン

それでは、ここでフェリー交通の歴史について簡単に整理しておこう。

もともと、ヨータ川を渡るためにはボートしかなかった。自分自身で漕ぎ出すか、またはほかの人のボートに乗せてもらって渡るだけであった。初めに両岸を結びつけたものは、すでに述べた通り（四二ページ）、フェリエネース地区とクリッパン地区の間で始められたフェリーの運航であった。一六七〇年に初めて同業者組合がつくられ、市民はさまざまな目的地へとボートや帆船によって移動することが可能となった。交通が盛んになった理由の一つは、ノラエルブストランデンの肥沃なすばらしい農業土壌からたくさんの農作物が生まれ、こうした作物を市中心部の市場へと輸送するためであった。

一九世紀の中ごろ、工業化の進展にともな

ってヨータ川を横切る交通手段の需要が増大した。市中心部にあるリラボメン波止場から、民間企業による最初のフェリーが就航した。その後の一九三九年にヨータエルブ橋が建設されたとき、フェリー輸送はその役割を終えて廃止されるものと考えられていた。しかし、それでもフェリーの運航は続いた。なぜなら、経済の好調にともない飛躍的に増大する造船所の工場労働者を運ぶためにフェリーはどうしても必要だったからである。一九六七年一月の統計によれば、民間企業の手によるフェリーやボートはトータルで一日に五〇〇〇回ほど両岸を行き来している。

一九九〇年の五月、ヨータ川に公的輸送機関としてのフェリーが就航した。ヨーテボリ駅裏手のリラボメン波止場からエルブスボリ橋までの、七つの停留所を結ぶものである。ノラエルブストランデン開発株式会社（当時は、リンドホルメン開発株式会社）がエルブスナッベン合名会社を創設し、ヨータ川でのフェリー輸送を開始したのがその始まりである。このフェリー輸送業務は市の公共輸送の枠組みに取り込まれ、営業コストの一五パーセント程度を市が負担することになっている。

一九九〇年当時は、二台のフェリーが運行し、一ヶ月に二〇〇から三〇〇〇人の人々を運んでいるにすぎなかったが、ノラエルブストランデンの発展にともなってフェリーは両岸を結ぶ重要なものになっていった。学生たちやビジネスマンが頻繁にフェリーを利用することとなり、輸送量、運航回数ともに増大の一歩をたどった。一九九九年二月には、毎月七万五〇〇〇人以上の人々が巨大なフェリーで行き来するようになった。そして、二〇〇一年、こうした動きの中で市

ヨータエルブ橋。橋が開いた瞬間人も車もジッと待つ

中心部とリンドホルメン地区を直接に結ぶ水上シャトルバス「エルブスナッバレン」が誕生したのである。

水上輸送、そして道路交通にとってのもう一つの課題は、ヨータエルブ橋の橋脚が低いことである。いまや、たくさんの船荷輸送がヨータ川で行われている。だが、ヨータエルブ橋は橋脚が低く昔ながらのハネ橋であり、大型船がここを通るたびに橋は開けられるわけだが、そうするとたちまち橋の上を通る路面電車（LRT）などの交通は麻痺することになる。急いでいるときでも、バスや路面電車の中で、乗客はいまかいまかとハネ橋が下りるのをじっと待たなくてはならない。将来、この橋も大型のものに架け替えられるのだろうが、それまで市民のイライラは続くことになる。(6)

4――新たな大学教育の振興

ノラエルブストランデン発展の鍵は、リンドホルメン・サイエンスパークの成否にかかっているともいえる。そこで、新たに創設されたIT大学のプロジェクトマネジャーであるアン・ストレムベリ氏（Ann Strömberg）にお話をうかがった。

これからの工科系単科大学における外部との協力

「ようこそ、学生のみなさん。リンドホルメン・キャンパスでの学生生活を送ることとなった皆さん、おめでとうございます。私どもは、すべての先入観を排し、じっくりとあなた方の希望をうかがって、あなただけのためのオーダーメイドの教育スケジュールをつくり上げます。そのための、話し合いの場も用意しております」

これは、一〇年後の未来の姿と語るが、新たな大学像として興味深いものである。同大学でも、いまのところ一般の学生に対するこうした個人別対応の余裕はないものの、産業界の出資による

（6）ちなみに、一九九九年には輸送船の通行のために二五〇〇回もヨータエルブ橋が開けられている。

ＩＴ大学プロジェクトマネージャー　アン・ストレムベリ氏

委託教育コースではこの方針に従った対応がなされているという。このような教育の個別化は、現代の明確なトレンドである。

アン・ストレムベリ氏は、二〇〇〇年以来現在の職にある。リンドホルメン・サイエンスパークとリンドホルメン・キャンパスの両者のあわせもつ可能性がストレムベリ氏をここに引き寄せた。

「アカデミズムの世界とリンドホルメン・サイエンスパークが協力して行う活動は、大きな付加価値を生み出します。とはいえ、両者がここで場を共有するだけでは付加価値は生まれません。双方ともに享受できるだけの利益があるということが付加価値を生むことになります」と、同氏は語る。

ＩＴ大学は、シャルマー工科大学とヨーテボリ大学、そして西スウェーデン地区の商工会議所、ヨーテボリ市、エリクソンなどのＩＴ関連企業が連携し、国内最高の工学教育部門となることを目標としてリンドホルメン・サイエンスパークに開設されたものである。ストレムベリ氏は次のように言う。

「いまやわれわれは、さらにその先を目指さなければならない。大学教育のあり方についての一面的な認識など、もはや国内的にも国際的にも時代遅れのものと感じられるようになってしまった」

ストレムベリ氏は、現在の単科大学の現状に二つの大きなトレンドを見いだしている。その一つが「国際化」である。ヨーロッパ全体の教育システムの中でも、必要とされていた部分では融合が進みつつある。そして、もう一つのトレンドが前述の「個別化」である。

「今日の若者は、トレンドをすばやくとらえて、興味を感じたものを学習しようとします。したがって、用意された一本の正しい道筋だけをたどらされて寄り道が許されないような教育には満足しません。もちろん、対応する我々にとってはコストもかかって面倒なのは間違いないのですが、そうした問題を解決するのがわれわれの務めです。単科大学というものは、その運営の仕組みに柔軟性を備える必要があります。そこで意味をもってくるのが、ＩＴ大学が企業の注文に従い、オーダーメイドの教育を提供するという委託教育です。

私たちは、将来、授業料収入の何割かをこうした委託教育でまかなうことになります。一般的に言って、いま望まれているのは学部と企業のさらなる一体化であり、その中では教育がプロジェクトの形で進められ、教師も伝統的な大教室での講義をする代わりにアドバイザーのような役目を求められることとなります。とはいえ、そこに至る道のりはまだまだ遠い」と、ストレムベリ氏は語る。

産業界などと工科系単科大学との関係

だが、そうした新たな動きは学問の独立という本来の大学のあり方を変え、企業との結びつきを深くし、最後には学問が企業に従属することになるのでは、と尋ねてみた。

「私は、ないと思う。単科大学の世界というのは、その個性と文化を保持できるだけの確固たるものがあります。それに、企業によって運営される単科大学など、大学としてはまったく成功しないでしょう。企業と単科大学の双方が互いを尊重しながら相手との差異の部分を活用するのが、あるべき姿ではないですか。そのためのうまい方法は、当事者らがさまざまなアプローチでかかわりあう、一つのネットワークを形成することでしょう。誤解して欲しくないのですが、〝アカデミックな工場〟として産業界の下請けになるつもりはありません。私の意図は、決してそのようなものではありません」

次にストレムベリ氏は、ヨーテボリ市とIT大学との関係について述べた。

「ウプサラやルンドといったスウェーデンの伝統的な大学都市では、単科大学に最高の優先度が与えられています。もっと小さなコミューンにおいても、自前の単科大学のもつ意味というものが早くから認識されていました。それに対してヨーテボリでは、大学は行政の力を借りずに自力でやっていくのが当然と思われていて、運営上の問題点を訴えても真剣に取り合ってもらえませんでした。そうしたところに、大学と行政の協力の余地がもう少しあるように思ってきました。

私が単科大学にかかわってきた経験からヨーテボリ市の姿勢を評するならば、問題を先に見通して対応する積極性が常に足りなかったきらいがあります。もしも、ヨーテボリ大学やシャルマー工科大学がほかへ移転してしまったら、大学都市ヨーテボリの名声が失われ、ヨーテボリ市にとっても非常に困ったことになるはずです。今般、IT大学の設立にあたりヨーテボリ市が共同出資者になるなど、大きな役割を果たしたことは評価できます。『大学都市ヨーテボリ』のために、これまで以上にヨーテボリ市が積極的な対応を図っていくことを期待しています」

独自のやり方で

リンドホルメン・サイエンスパークは、ヨーテボリ市が示す一つの回答ともいえるものである。これは、国家プロジェクトとして早くから建設されてきた既存の開発拠点（シスタ、ルンド、リンシェーピングなど）に対して、新たにヨーテボリ市が独自に提起するものである。そのモデルとはいったい何であろうか。

「われわれは国内にあるほかのサイエンスパークを入念に研究してきましたが、よそのコンセプトをそのまま引き写しにすることなどできないし、するべきでもありません。われわれ独自の新しい取り組みの具体的な形、すなわち『サイエンスパークのバージョン2』を探し出すつもりです。ほかのサイエンスパークとの一番大きな違いは、ここが中心市街地にありサイエンスパークを育てることが直接にヨーテボリのまちづくりに直結することです。人里離れた郊外のサイエンスパークとは違い、さまざまな情報が交錯します。ここで働く人は、ヨーテボリの市民でもあります。リンドホルメンの発展は、多くの企業に役立つものであるとともに市民にとってもより豊かな生活のために欠かせないものとなるはずです」と、ストレムベリ氏はにこやかに、そして力強く語った。

5―大パーティーの連続

ノラエルブストランデンは着実な発展を見せる。初めに、前出のノラエルブストランデン開発株式会社の社長であるラーシュ・イーヴァション氏に再び登場していただき、二〇〇一年を総括していただくこととする。

ノラエルブストランデンでの事業展開

「当社に課せられた責務は、ノラエルブストランデンの開発事業を先導し、運営し、周囲のための触媒となって働くことです。当社は、ヨーテボリ市にとって最良の結果がもたらされるよう、地域の不動産の売買、開発、管理などを行いながら経済的利益の最大化に努め、それを通じて自社の価値をも高めることに注力してゆきます。

しかし、不安の種も少しはあります。二〇〇一年は、新聞そのほかのメディアで、経済危機が我々の社会の各部門にどれだけ打撃を与えているかということについて深刻な報道が数多くなされた年でもありました。そして、その影響は、不動産関連業界にも当然及んでいきました。そのため、ノラエルブストランデンでの事業に関して決定を下すのに、より慎重な姿勢を見せる顧客の姿が目につきました。ノラエルブストランデンで事業を展開するための新たな一歩を踏み出すべきか、それとも既存の範疇に踏みとどまって、そこにいっそう注力すべきか……。

この決断を避けて通るわけにはいかないでしょうが、決断のときまでにはまだまだ時間が必要でしょうし、細かな計算も必要でしょう。そして、何事も時間をかけて吟味する、こうした慎重な態度は間違ってはいないのです。なぜなら、脆弱で誤っていることが時間とともに明らかになるような枠組みに頼っていては勝ち残ってゆくことは不可能だからです。とはいえ、私の全般的な認識では、ノラエルブストランデン、そしてヨーテボリ、おそらくはスウェーデン西部の全域までもが、これまでの経済危機のダメージをほかの地域よりも小さく抑えることに成功してきたのではないかと思われます。その証拠となる事実を見いだすことは難しくないはずです」

ノラエルブストランデンの魅力

続いて、この地域に移ってきた銀行、そしてショッピングセンターの担当に話をしてもらおう。ハンデルス・バンケン銀行（Handelsbanken）エリクスベリ・ショッピングセンター支店長のアンデシュ・イェルテ氏（Anders Hjalte）は次のように言う。

「以前、私どもの支店は別の場所にありました。店舗の拡張が必要になったためこちらに移転したのです。この選択をするのに、ためらいはほとんどありませんでした。なぜなら、ノラエルブストランデンの魅力はいまや誰の目にも明らかですし、ほかにはない規模の発展を見られるのがこの地域だからです。交通面では、ここは職と住という興味深くて活力にあふれた二つの世界の接点にあって、恵まれたロケーションといえるでしょう。金融業務のほうでは、私どもはもう何年も前からこの地域にかかわっていますます。ですから、この地域に関する私どもの知識の深さは、質のよい不動産物件を求めてよそからおいでになる皆様の間でとくに高い評価をいただいております」

また、生協エリクスベリ・ショッピングセンター店のヨハン・ニルソン氏（Johan Nilsson）も、この地域のポテンシャルの高さを次のように表現する。

「私たちの店は、本当に快調なスタートを切ることができ、事前の見通しよりもずっとうまくいっているのでとても満足しています。でも、ここに店を出すまでにずいぶんと待たされました。私たちは、もう何年も前にノラエルブストランデンの変わりゆく姿の中にそのポテンシャルを見いだし、ここエリクスベリ地区が魅力的な住宅地となったことを知っていました。ここは、私たちのような業態の業者にとって理想的な立地でしょう。ここでは、入り口もそれぞれ別につくり、独立した店を並べることも可能です。このショッピングセンターのやり方には長所がたくさんありますし、店の取り合わせも素晴らしい。もしも希望がかなうのならば、本格的なスポーツ用品店をやってみたいですね」

ボルボ・オーシャンレースなど……

国民的行事やパーティー、そのほかのレクリエーションを楽しめる機会が豊富なことも、「人間のための都市」には必要な要素である。ノラエルブストランデンでは、ひっきりなしにさまざまな催しが続けられている。

二〇〇二年五月二五日に開催されたヨーテボリ周回マラソンも、そうした催しの一例である。二万人以上のランナーが参加して、ヨータ河岸に沿って走る。それを見るために大勢の観衆が集まる。また、「ボルボ・オーシャンレース」に参加の各船がヨーテボリに集結する二〇〇二年五月三一日には、エリクスベリ地区で一般市民を交えた大パーティーが行われた。もちろん、一万

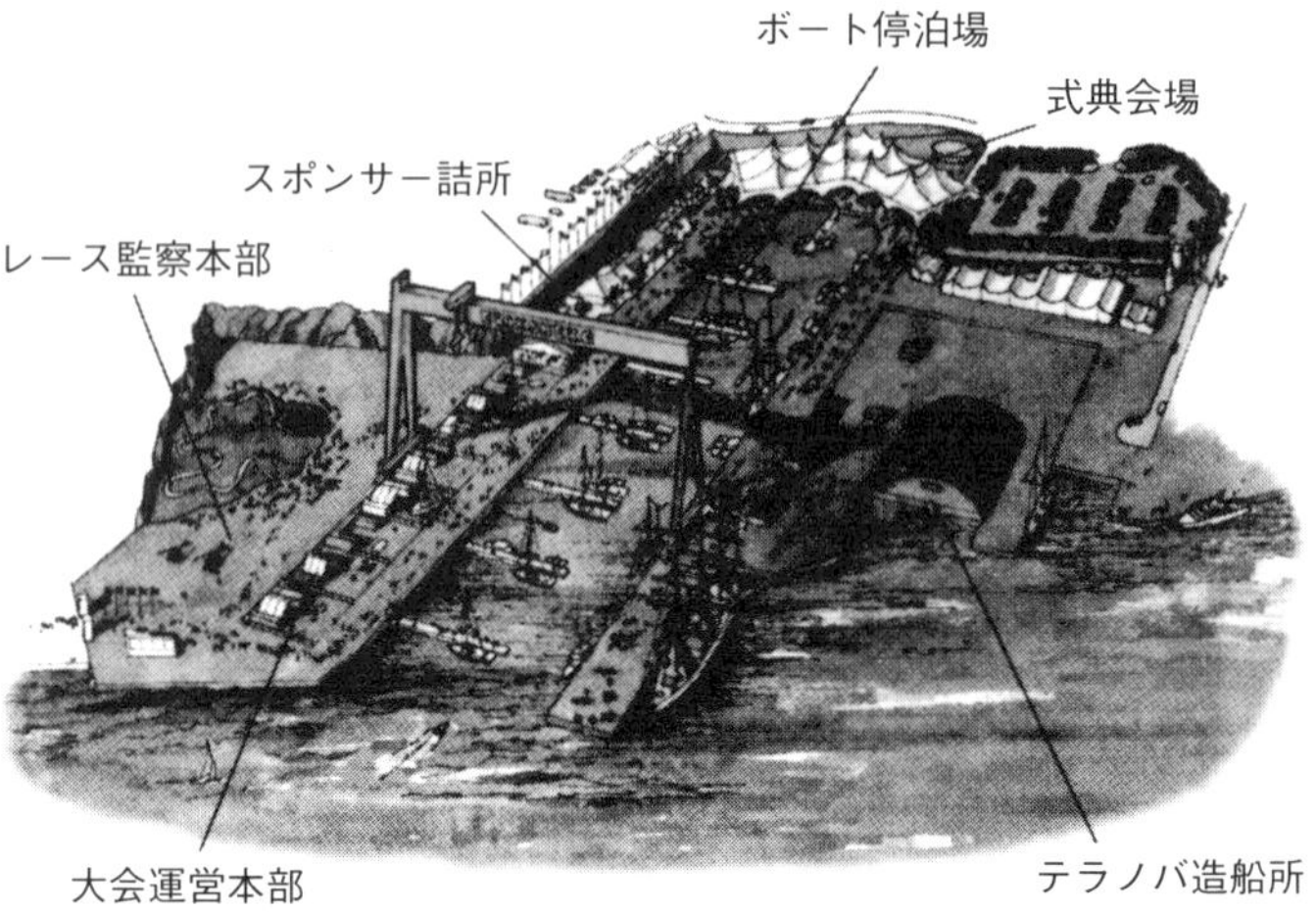

図４―13　ボルボ・オーシャンレース　エリクスベリ地区レースビレッジ

二〇〇〇人の参加者がノラエルブストランデンに集う、二〇〇四年のオリエンテーリング競技大会の「オーリンゲン」も忘れてはならない。

ノラエルブストランデンの開発は、次々と新たな展開を見せる。今日も、大きなパーティが催されているはずだ。魅力ある街は、常に市民に新鮮な舞台を提供する。以下、資料として二〇〇一年からの二年間の動きをまとめておく。

二〇〇一年からのノラエルブストランデンの動き

二〇〇一年　一月	・IT企業のオン・ポジション社がルンドビィ・ストランドの141号ビルに入居。 ・ボスタダボラゲット社が、エリクスベリ地区の新たなオフィスへの転入を始める。 ・ルンドビィストランド地区のM1ビルが改築を完了、一万平方メートルのスペースにテナント受け入れの準備が整う。ボルボ技術開発、セムコン、ノラエルブストランデン開発株式会社などの各社が入居。
四月	・労働生活研究所が、改築を終えたリンドホルメン地区のオフィスに入居。 ・水上シャトルバスのエルブスナッバレンの就航で、ヨータ川の水上交通量が増加。
五月	・エリクスベリ地区にプレジャーボート係留港が完成。 ・フリーハムネン地区で改築成った「カイシュール107」の新フェリーターミナルDSがお披露目。
八月	・ルンドビィストランド地区の旧金属加工場が、改装工事を経てヨーテボリ初のカーリング競技ホールとして完成。

	九月	・リンドホルメン地区でIT大学の創立記念式典。
		・ノラエルブストランデンに新しい情報センターが開所。
	一〇月	・「アメリカズ・カップ」に出場のヨット二艇のうち、リンドホルメン地区で建造中だった一艇が完成。
		・リンドホルメン・サイエンスパークの新たな主要施設となるナーベット・ビル建設予定地で鍬入れ式。
	一一月	・エリクスベリ・ショッピングセンター、落成。生協、エールギガンテン、システムボラーゲット（国営酒類販売店）、バーガーキング、ハンデルス・バンケン銀行、パワー、トライアンフ・グラスの各店舗が入居。
		・ノラエルブストランデンで、十数社が参加して企業向け貨物の共同集配事業を開始。
二〇〇二年	二月	・建設会社JMが、エリクスベリ地区での住宅建設を始める。
	三月	・ハッセルブラード社のルンドビィストランド地区の新オフィス建設予定地で鍬入れ式。
	四月	・フェリエネース地区のゴルフ練習場建設工事、着工。
		・ルンドビィストランド地区の旧金属加工場を改装したオフィスに、デザイン開発企業のカランが入居。

	・建設会社ＪＭがエリクスベリ地区に造成の住宅地域「カイカンテン2」、入居完了。
五月	・ヨーテボリ周回マラソン大会が二五日に開催され、ランナーらがノラエルブストランデンを駆け抜ける。 ・（三一日）ボルボ・オーシャンレースに参加の各船がヨーテボリに到着。
六月	・エリクスベリ・インターチェンジ全面使用開始。
七月	・リンドホルム並木通りの完成。
八月	・ＨＳＢ、リクスビッゲン、ファミリエボステーデルの各社がサンネゴーデン東地区に建設した、アパート三〇〇室への入居が始まる。
九月	・エリクスベリ地区に新パーキングビル（約四〇〇台収容）完成。
一〇月	・サンネゴーデン西地区で住宅八〇〇棟の建設着工。
二〇〇二年末～二〇〇三年初頭	・イーヴァシュベリ・インターチェンジが開通。ノラエルブストランデンでは、ストムバスの新路線が営業開始。 ・エリクソン・モバイルデータデザイン社が、リンドホルメン港地区の新オフィスへの入居を始める。数ヶ月遅れて、シグマ、テレカ、エプシロン、セムコンの各社もこれに続く見込み。

第5章

依拠する視点の差異

～人間のための都市とは？

ノラエルブストランデンに知識集約型産業が集積することで、人が生き、学び、働く、新たな街が生まれる。これまで、この地域が育んできた造船業などの伝統を継承し、歴史と文化を大切にしながら人間のための都市が再生されていく。私たちは前章までにおいて、苦悩しながらも夢に向けて着実に歩む「まちづくり」の光の側面をたどってきた。

だが、光には必ず影が生まれる。再開発、都市再生の試みは、規制緩和などにより資本活動を容易にし、巨大な公共投資を集中させることで、地域に住む人々の生活とは無縁な瀟洒で無機質な空間をつくり上げてしまうことも多い。ノラエルブストランデン開発株式会社の地区更新に向けた努力や、シャルマー工科大学の新事業への進出、サイエンスパークの集積も、すでに見てきた通り厳しい資本の論理の中にある。グローバルな世界経済の進展の中で経済的合理性や効率性などを重視しなければ、「人間のための都市づくり」といえどもいずれ困難な壁に突き当たることになる。ノラエルブストランデンの再開発は、地域周辺の市民生活を本当に豊かにするのだろうか。これまであった地域社会にどんな影響をもたらすのだろうか。

図5－1からわかる通り、ノラエルブストランデンはルンドビィ地区の一角に位置する。ルンドビィ地区は、ノラエルブストランデンの位置する港湾地区からずっと深くまで、森や湿原・湖がたくさんある緑地地帯まで続く。地図にあるランベリエットは小高い丘であり、この地帯のランドマークとしてノラエルブストランデンのすぐ後ろにそびえている。この周辺には、かつて造船業で働いていた人たちがいまだに多く居住している。そして、その奥に広がるヒシゲンパーク

図5－1　ルンドビィ地区全体図

表5－1

	ノラエルブストランデン		ルンドビィ地区全体	
	2000年	2006年	2000年	2006年
世帯数	1,216世帯	2,900世帯	18,563世帯	20,200世帯
住居者数	2,235人	6,300人	31,914人	35,200人
就業者数	6,000人	17,000人	22,108人	33,000人
高等教育学校生徒数	11,000人	12,000人	11,000人	12,000人

（Hisingsparken）の主要な居住者は、鳥や羊、雌牛、馬、そのほかのさまざまな動物である。

ノラエルブストランデンの開発は、ルンドビィ地区全体にわたって影響を及ぼしていく。**表5－1**にある通り、ルンドビィ地区における住宅の数や居住者数の伸びなどノラエルブストランデンの動きは激しい。ウォーターフロント地区に新たに生まれる街と旧住民の居住する地域、果たしてそれらはうまく融合できるのだろうか。もし、両者を整合できるすべをもつとすれば、それこそがスウェーデンのまちづくりの真髄なのだと思う。

私は、ノラエルブストランデンの再開発を単に「成功物語」とだけとらえたくない。それは、スウェーデンという国の姿を上滑りでなく、きちんと受け止めたいという私自身の思いからでもある。私たち日本人は、島国に住むからか、他国を理想と考えて理想の国としてすべてを描いてしまう。「外国ではこんなに優れた施策があり、日本はだめだ」とか、「他国の地方公務員はとても親切だった」とか、具体的な事案の比較に耐えられないようなたくさんの紹介があるようにも思う。

私たち自身にたくさんの苦悩や困惑がある通り、スウェーデンにも、スウェーデン国民にも同じようにそれはある。日本の中で、スウェーデンを理想の国と思い飛立った人が街角で酔っ払いに呼び止められ、ただそのことだけでショックを受け、「スウェーデンについて書かれてあることはみな嘘！」と簡単に語ってしまうこともある。それは、スウェーデンに対するひ弱な理解しかもてなかったからだろう。もっと骨太の理解をしたい。もっと現場にずっと入り込んだ説明が必要だと思う。そうして初めて、私たちは他国の施策をきちんと理解したことになるのではないだろうか。

ノラエルブストランデンの再開発はこの地域へどんな影響をもたらし、それを地域住民はどんなふうに受け止めているのか。ここでは、拙著『スウェーデンの分権社会』でも取り上げた「地区委員会」を訪問し、前章までとは異なり、再開発の課題やヨーテボリ市の施策展開などを地域の視点から再度とらえ直してみようと考えた。

1―ルンドビィ地区委員会の訪問

ルンドビィ地区は、ヨーテボリ市の中心部に位置する。居住人口は約三万二〇〇〇人、高齢化

ルンドビィ地区委員会文化・教育担当　アニータ・ニルソン氏

率は一八パーセント（全市平均一六パーセント）、失業率は五・三パーセント（全市平均四・二パーセント）である。地区委員会を構成する職員の数は一八五一人（フルタイム換算で一六〇六人）で、地区委員会の予算総額一〇億二〇〇万クローネのうち三九パーセントが高齢者のケアーのために、三〇パーセントが生活保護のために使われている[1]。環境教育の充実と地域民主主義の確立が、ルンドビィ地区委員会のめざす目標である。

ルンドビィ地区委員会にて

路面電車でヴィーセルグレンスプラッツェン（Wieselgrensplatsen）まで行き、駅から山に延びた広い道を進む。朝なのにものすごく強い日射しだ。約束した時間よりも少し早かったようで、四階の会議室前でしばらく待つ。

文化・教育担当のアニータ・ニルソン（Ms. Anita Nilsson）氏が、資料を携えて息せき切って上がってきた。彼女はソーシャルワーカーとして勤務したあと、ルンドビィ地区委員会の中で社会計画や市民参加の担当に就いてきたとのことである。そのニルソン氏が、ノラエルブストランデンの再開発について語る。

「ノラエルブストランデンは、ルンドビィ地区の一角に位置します。この地域の発展はルンドビィ地区に大きな変化をもたらし、地域全体に新しい風を吹き込むでしょう。ここは、ヨーテボリ市の中でもっとも大きな発展を遂げている地域です。ここ数年で、新しい住民や雇用者の数はものすごく増えています。

ノラエルブストランデンを『よい街』に育てることが、地区委員会で働く私たちにとっても大きな夢です。ここで人々は居住し、労働することが可能です。ノラエルブストランデンはあらゆる人に豊かで生き生きとした活力を与え、また同時にオールドタウンの良さも兼ね備えています。労働、住居、教育、研究、商業、文化、自由時間などのさまざまな機能が入り交じった素敵な街です。人々の交流も盛んです。

ウォーターフロント地区としての明確なコンセプトの下、市民のあこがれとなる建物群も立ち並びました。ノラエルブストランデンの再開発はとてもウキウキするような楽しさがあります」

（1）それぞれの数字は二〇〇二年四月現在のものである。

地域の視点から見ると……

新たに生まれるノラエルブストランデンと旧地区との関連について、彼女が続ける。

「ルンドビィ地区はヨーテボリ市の中心部に近いのですが、ヨータ川が大きなバリアーとなっています。岸辺の反対側、市の中心部とは相当に違う雰囲気をもち、あちこちに密集した住宅地があります。一九二〇年代から一九五〇年代の古い労働者住宅は改造されましたが、もともと造船労働者として仕事を転々とし、いま現在仕事に就いていない人や病気がちの人、失業している若者もたくさん居住しています。居住者にとって大切な商業地区の整備もあまり十分ではありません。やっと、エリクスベリ地区に充実したスーパーマーケットが開店しましたが、ほかの店は自然に大きくなったようなもので、品揃えは悪いし、車での出入りも難しいところがあります。

私たちはここに住む一人ひとりに、よりよいＱＯＬ（生活の質：クオリティ・オブ・ライフ）を提供したいと考えています。個々人が社会で認められるよう人々の間に連携が生まれ、またどんな人にも機会の均等が図られるべきだと考えています。すでにご覧になったように、ノラエルブストランデンでは素敵なまちづくりが行われているわけですが、それはあくまでルンドビィ地区全体の発展の上に行われなくては意味がありません」

どうやら、地区委員会の代表者である政治家が都市計画局の責任者と議論を続けているが、なかなか地区委員会の望む方向で話は進んでいないようだ。アニータ・ニルソン氏は、ノラエルブストランデンの再開発についていくつかの問題点を語った。

「大きな視点の違いを感じます。ノラエルブストランデン開発株式会社やヨーテボリ市の担当者は、ヨーテボリ市の財政や地域経済の発展が最優先なのです。ルンドビィ地区としてのまとまりや旧地区と新地区住民との交流などは別物という理解のようです。リンドホルメン地区やエリクスベリ地区にはたくさんの人が働きに来るでしょうし、サンネゴーデン地区には多くの人が住み始めています。ヨーテボリ市の発展は心から望むことですが、そのことがルンドビィ地区自体の課題を置き去りにすることになってはいけません」

アニータ・ニルソン氏は、地区の交通事情やその問題点についても話を続けた。

「ヨーテボリ市の中心部との連結という意味では、新たなバスの運行などによって改善は図られていますが、ルンドビィ地区としてのまとまりを考えた場合には現在の計画で十分とはいえません。自然の地形という面でも、ノラエルブストランデンと旧地域の間には高い山があり、また高速道路が両地区を分断しています。港湾用道路にはなかなか人が入ることはできず、危険物を運ぶトラックや輸送用貨物も旧地区の住民が気軽にノラエルブストランデンに入ることを拒絶しています。統一感がもてるよう二つの地域の統合が重要です。都市計画道路、インターチェンジ、緑地の配備、施設建設など、ルンドビィが地理的に一つとなるよう戦略的な開発が行われるべきです。そのためには、私たち地区委員会の意見や旧地区の市民の意見にヨーテボリ市はもっと耳を傾けるべきです」

第4章ですでに見てきた通り、私の友人のハンス・アンデル企画室長やノラエルブストランデンの担当者、交通局の担当など、それぞれの人は精いっぱいの努力を払っている。リンドホルム並木通りの完成、インターチェンジによる通過交通の排除、ストムバスの運行など具体的な展開は多々あるが、地域の視点からすればまだまだ不十分なのだろう。生活している市民の眼からすればヨーテボリ市の動きは鈍く映るのだろうし、それもやむをえないことかもしれない。そして、そういった市民の声を代弁するのが地区委員会の役割でもある。将来的に、路面電車が市中心部とルンドビィ地区を結ぶようになって初めて、市民の交通体系に関する苦情は解消されるのかもしれない。

公的施設の建設をめぐって……

保育園、学校、新たな地域にはさまざまな公的施設が必要となる。しかし、どのような世帯がこの地区に入居するかについて地区委員会とヨーテボリ市とでは大きな隔たりがある。

「ノラエルブストランデンの土地のほとんどは、市と市が所有するノラエルブストランデン開発株式会社のものです。本来なら、もっと地域の声を取り入れて計画を進めるべきだと考えます。ルンドビィ市の執行委員会、建築委員会の政治家の方々は、必ずしも地元の声を代弁してはいません。ルンドビィ地区の政治家と市の政治家との間には大きな隔たりがあります。とくに、新たに必要となる保育園と小学校の規模について、市の開発担当者と私たち地区委員会とでは試算内容が異なり大きな問題となっています。ノラエルブストランデンは今後拡大し、三〇〇〇人以上の人がここに住みます。私たち地区委員会は、ここに住み始める人たちの基本的な福祉を担っています。子どもから高齢者までのすべての福祉を担い、教育、文化も私たちの仕事です。そのためにも、たくさんの保育園、基礎学校が必要だと考えています。しかし、市の執行委員会の試算による子どもの数は、最初は入居人口の二〜三パーセント程度と少なく、保育園や学校の建設にはあまり関心がないようです。

ヨーテボリ市全体で考えれば、いかに多くの企業を呼び込み、いかにたくさんの居住者や雇用者を増やすかが中心になるのでしょうが、地域で働く私たちからすれば、ルンドビィ地区の福祉や教育をどう充実させていくのかが関心事となります。この意識の差がどのように埋められていくのか、私たちは何度も繰り返し、地域の視点を大切にするよう語り続けています。何のために再開発を行うのか、企業の誘致やヨーテボリ経済の発展だけではないはずです。でも、そのとき決まって言われます。『企業の集積や地域の発展がなければ、福祉に携わる私たちの仕事も厳しくなる』と。経済的な活性化が必要なのはもちろんです。そのこと自体否定はいたしません。しかし、地域社会の福祉や教育の充実のために地域の再開発は行われるべきであり、住民があって社会があることを是非とも知って欲しいのです」

小さな計算問題

地区委員会は、福祉や教育、文化など身近な生活に関するすべての責任と権限を有している。ヨーテボリ市は、各地域における住民の数やその他特別な要望などを整理し、財源分配モデルに従って優先順位をつけ、各地区委員会に毎年予算の配分を行っている。たとえば、一歳から一五歳の子どもには、二〇〇二度予算で一人につき四万から六万スウェーデンクローネが割り当てられている。ルンドビィ地区においては、子ども一人につき五万クローネが予算として算定されている。

財源分配は、前年度会計予算に応じ実際の居住者の数や年齢構成などに基づいて決められる。しかし、地区の特殊な事情により、新しい住宅が建設され住民が拡大することが不動産建設会社からの情報などで明確であれば、それらを予測したうえで財源を配分することになる。とくに、学校や高齢者施設などの建設にあたっては、新たな住民の数がどのくらい増加するのか、年齢区分はどうなのかなど、厳しい推計を行ったうえで建設の要不要が決定され財源が配分されている。

事例として、第4章でも取り上げたサンネゴーデン西地区の再開発を考えてみよう。この地区では、今後、一二〇〇軒の新しい住居が建

表5－2　サンネゴーデン西地区再開発の影響

	子どもの出現率	子どもの数	必要な予算額
❶	4％	120人	600万クローネ
❷	10％	300人	1,500万クローネ
❸	12％	360人	1,800万クローネ

設される予定である。そして、この住居の増大により、新たな住民が約三〇〇〇人増えることが予測されている。果たして、子どもの数をどのように算定すべきだろうか。ヨーテボリ市、ルンドビィ地区委員会の大きな論点ではあるが、考え方によっていくつかの選択肢がある（**表5－2**参照）。

❶ノラエルブストランデンに現在居住している子どもの割合は約四パーセントであり、この数字を前提とすれば、三〇〇〇人の四パーセント、つまり一二〇人の子どもが居住すると考えられる。したがって、一二〇人×五万クローネで、六〇〇万クローネが補助金額となる。

❷サンネゴーデン東地区に現在居住する子どもの割合は約一〇パーセントであり、この数字に従えば、約三〇〇人の子どもが居住すると考えられる（同様に、この場合には、三〇〇人×五万クローネで一五〇〇万クローネ）。

❸ルンドビィ地区に現在居住する子どもの割合は約一二パーセントであり、地区全体の現況と同様の比率で子どもが入居すると考えれば子どもの数は約三六〇人となる（同様に、この場合には一八〇〇万クローネ）

以上は、きわめて単純化した形で市から地区委員会への補助金算定をまとめたものである。ヨーテボリ市側は❶の予測に立ち、多くても四パーセントの子どもが入居することとし、現行の保育園、就学前学校、基礎学校で子どもたちの入園・入学は十分だとする。これに反し地区委員会側は、❸は無理だとしてもサンネゴーデン東地区の子どもたちの比率は考慮すべき大きな根拠として、一〇パーセント程度の入居を前提として施策を組み立てるべきとしている。

サンネゴーデン地区には、現在、三つの保育園・就学前学校のほかに基礎学校が一つある。地区委員会は、新たに就学前学校一つと基礎学校を一つ建設すべきと考えている。ただし、一つの独立した建物ではなく、サンネゴーデンに造られる住宅の一階部分などに、複合的施設として文化的な公共施設とともに学校を建設すべきだとしている。

「多くの子どもたちが、身近な場所で学べるように努力しています。そのために、何度も市に働きかけています。これからもその可能性を追求していきたい」と、ニルソン氏は語る。

高齢者福祉の整備と図書館の建設

地区委員会は、児童福祉だけでなく高齢者についても新たな需要が生まれるとして、「デイケアの場所の確保」や「ホームヘルプサービスや在宅医療に従事する職員のための場所」の必要性も訴えている。さらに、ノラエルブストランデンへの図書館建設も要望している。図書館を地域の文化施設としてだけでなく、開かれた空間を通じた人々の出会いの場とし、地区に住む二万三〇〇〇人の住民へより貴重な意味でのアクティビティーを提供する場として建設しようとしている。ニルソン氏は続けて言う。

「今日の高齢者の多くは、以前よりもずっと活動的で地域社会において文化サークルなどで重要な役割を担っています。健康な高齢者も多数いますし、その大半は、亡くなるまでいまの家に住み続けたいと考えています。よって、ホームヘルプサービスや在宅医療、そして予防活動の充実がいま以上に求められています。また、エレベーターの設置や、誰でもが使いやすいように設計されたキッチン、歩行補助器具や車椅子を使用する者にも利用できるバルコニーなど、高齢者が同じ場所に住み続けられるような環境づくりが必要となります。

アセスメントによれば、約五年のうちに高齢者のためのホームヘルプサービスや在宅医療、デイケアの充実が必要となります。そうなれば、デイケアのための場所の確保や、ホームヘルプサービスや在宅医療に従事する職員のための場所が必要となってくるでしょう。その際、サンネゴーデン西地区にこれから建設される住宅の一階部分などが適当な場所だと考えています。また、そういった新たな住宅群の一部に、ぜひとも機能障害をもつ高齢者が住み続けることのできる住宅を造ることも要望しています。

ヨーテボリ市の執行委員会によって、サンネゴーデン西地区にそういった場が確保されることを望みます。一旦決定が下されれば、地区委員会は総力をあげて努力します」

図書館の整備についても、アニータ・ニルソン氏は話を続けていく。

「ルンドビィ地区には、現在、全域をカバーする図書館が一つ、またサンネゴーデン周辺の住民約八〇〇〇人にサービスを提供する図書館がもう一つあります。私たちはさらに、ノラエルブストランデンへの図書館建設を求めています。それは開かれた空間を通じて人々の出会いの場となると同時に、地区に住む二万三〇〇〇人の住民にとっての貴重な場所となります。本当の意味でのよい街として、市民にアクティビティを提供する場として図書館は必要です」

これからのこと……

さまざまな地区委員会の要望について、市の見解は財源的な意味での安全を優先している。そして、ルンドビィ地区委員会の見解は過大なものだとする。つまり、実際に地区に新しく越してくる子どもの数より多く見積もって不要な投資を求めるものだとしている。また、高齢者施設や図書館の建設についてもきちんとした需要予測が必要だとする。ニルソン氏は、市の見解について次のように反論する。

「財源的な観点から慎重になるのもわかります。ですが、あまりに慎重な態度をとることで、子どもたちや親世代にとって悪い住環境であるというイメージが広がったり、粗悪なサービスで子ども連れ世帯を逆に取り逃してしまうことはノラエルブストランデンの再開発にとっても不幸なことではないでしょうか。もっとポジティブに問題をとらえるべきです。ノラエルブストランデンが魅力的に変貌すれば、自然に子ども連れ世帯を引き込むことができ、またそれによってノラエルブストランデンにおける年齢区分や世帯構成に広がりが生まれてきます。

ルンドビィ地区委員会では、市民同士が教育を議論できるようなフレキシブルな場所を設置したいと考えています。それは、図書館などの文化施設や学校との複合施設です。街の真ん中にこのような新しい施設を造り、世代間を越えての出会いの場としての機能をもたせ、またお年寄りや子ども、若者が余暇のアクティビティを楽しむことを可能にしようとしているのです」

就学前学校と基礎学校の建設にあたり、ノラエルブストランデンに引っ越してくる子ども連れ世帯の実数がどれだけになるか、市と地区委員会の溝はいまだ埋まっていない。

私のような第三者的な気楽な立場から、両者の主張のうちどちらが正しいかを言うことはできない。ただし、地域の発展に対する異なった視点が堂々と議論されることはとても有意義である。お互いに組織の一員として相手の立場を理解しながらも、地域の意見をもとに、または科学的なデータの整理に基づいて具体的で緻密な議論が闘わされている。地区委員会が地域住民の声をきちんと吸い上げ、ヨーテボリの各部局にその意見を的確にぶつけていく。スウェーデンのまちづくりの真髄をここに見る。

二〇〇三年五月、再びアニータ・ニルソン氏にお会いする。真っ先に「学校を建設することになったの」と明るい声が返ってきた。「でも、当初はヨーテボリ市の意見にしたがって小さな学校を建てることにしたの。実際に居住する子どもの数をみながら、徐々に大きくできるよう敷地の確保はしてもらったから、勝ち負けはお互いゼロね」嬉しそうなニルソン氏の話を聞きながら、スウェーデン流の解決策に感心する。ここにも、「妥協の政治～コンセンサス・ポリティクス」(岡沢憲芙著『スウェーデンの挑戦』岩波新書、一一八ページ)が生きているようだ。

2―デルタ・プロジェクトの展開

「デルタ（DELTA）」と呼ばれるプロジェクトが、ルンドビィ地区でも始まっていた。すでに、拙著『スウェーデンの分権社会』で紹介した通り、このプロジェクトは社会保健庁、ヨーテボリ市、医療機関などがかかわる複合的なものである。

第3章で見てきたように、一九七〇年代の造船不況により港にあった造船会社は操業をやめ、また産業構造の大きな変化や大気汚染などの問題により、多くの生産ラインは市内からヨータ川の河口付近に移動していった。これまであった製造工場は人手を必要としないものとなり、多くの労働者は次第に雇用の場を失っていった。

職を失い気力をなくした労働者たちは、アルコールや麻薬に手を染めていく。住宅環境の悪化は人の移動をもたらし、さらに環境は悪化していく。この負の循環をどうくい止めるか、どうやってこの状況を改善したらいいか。医療および福祉の面からのアプローチだけでも、また失業保険だけでもこの課題は解決しない。真の問題解決のために、縦割りの壁を崩し、各機関が連携することが求められる。一人ひとりの失業者の生活を受け止め、就業機会を確保するために新たな技術を身に着けてもらうことや、きちんとした生活態度を確保するために学習の機会を保障することが必要である。

一九九七年、社会保健庁のビスコプスゴーデン支部は、ヨーテボリ市、医療機関など他機関との連携のもとで職業安定所内に「労働・健康窓口」を設置し、失業者一人ひとりに対する相談およびケアを開始した。これは、国と地方行政が連携を図って地域改善を行うというものであり、まったく新しい試みである。このプロジェクトは「デルタ」と呼ばれた。行政を中心に考えるのではなく、市民一人ひとりを主役としたマルチプログラムの確立であり、共同プロジェクトによる医療、生涯教育、就業訓練、社会サービス、失業保険などの多面的かつ輻輳《ふくそう》的な展開である。

長らく、ノラエルブストランデンの動きとデルタの活動は私の頭の中で一つになることはなかった。というのも、ルンドビィ地区の隣にあるビスコプスゴーデン（Biskopsgården）地区中心のものと考えていた。しかし、よく考えれば港の衰退とともにこの地域は大きな影響を受けてきたものであり、デルタの活動がルンドビィ地区で展開されていくのもうなずける点である。ルンドビィ地区委員会は、デルタとともに地区住民の福祉や医療の活動を行っている。

失業者が職を確保し、また周到な準備段階を経て労働社会に参加することができるようデルタはさまざまな支援を行う。失業者は建築用品のリサイクルや家具の修繕などの仕事をデルタの管理する工場で学ぶとともに、地域の中に入って自然を回復する作業や荒廃した広場の再活性化を行っている。このような活動を経て、人々は社会復帰を果たしヨーテボリ市内で新たな職を得ていく。

プロジェクトの実施――人間のための都市をつくる

担当課長であるヨハン・ヤンソン氏（Mr. Johan Jonsson）は、デルタについて次のように言う。

「デルタは、慢性の病気や失業などのさまざまな理由によって社会生活が困難になった地域住民を対象に支援を行ってきました。そのような問題を抱えた住民が一刻も早く社会復帰できるよう、デルタは数多くの行政機関と連携しています。

デルタに来れば、教育を受けたり求職中であることをアピールしたりすることができます。伝統的手工芸教育や環境教育を中心としてたくさんの知識や技能を修得することで、失業者はたくさんの勇気を得ます。さらに重要なことは、自分自身が他人から見られている存在であることを再確認することができます。ここでは挨拶をされ、また気にかけられる存在であることを感じることができるのです。

私たちの成果は明らかです。地域住民には健康な人々が増え、私たちは共通の資源をよい意味で活用しています。さまざまな協力体制のもとで、私たちは住民の全体像をとらえます。一人の人間を人間として丸事とらえます。福祉、健康、雇用などについてこれまでの行政は、サービスの提供主体として市民の一部分のみを見てそれをその人の全体と誤解してきました。本来はサービスの受け手の立場に立って、それぞれの組織のかかわり方を検討すべきだったのです。本当の意味での福祉は、一人ひとりの全体像を見ないと達成できません。個々人の全体像が消えてしまうと個別の問題ごとの関係性が見えてきませんし、真の解決にもつながりません。

たとえば、次から次へと職を転々とする人がいたとします。福祉の担当者は、どのような援助が必要なのかと考えます。健康にかかわる医師や看護婦は、彼らについて何らかの病気かと考えます。雇用保険の担当者は、給付日数の残りが何日かと考えます。こういったバラバラな対応で本人は満足するでしょうか。本人が職を転々とするかということを、同じ目線で考えることが必要なのです。

デルタでは、問題をかかえる住民の社会復帰訓練と環境問題を組み合わせて考えようとしています。この地域に住む失業者は、いま地域にとって一番重要な『環境』に関する仕事に携わります。荒廃した広場を清掃したり新しく壁を塗ったり、リサイクルや森に小さな橋を架ける作業も行います。このようなプロジェクトは、将来的に大きく発展していくであろう道のりのほんの一歩でしかありません。これから先、一般の労働社会でも同じような状態になることが期待されています。私たちが行っているさまざまなプロジェクトが、住民の間で大きな関心を呼んでいます」

ヨハン・ヤンソン氏は、三つの具体的なプロジェクトを説明した。

①クヴィレスタッド・プロジェクト（Kvillestads projektet）

第一は、リンドホルメン地区のインターチェンジに近いクビィレスタンで行われているプロジェクトである。これは、デルタが事務局を務め、住民、地権者、企業家・経営者、不動産業者、ヨーテボリ市など、多くの主体の協力と参加によって進められているものである。四年前にこのプロジェクトはスタートしたが、その目的の第一は、広場の改善や照明の取り付けなど地域環境の具体的な改善である。第二は失業者対策であり、公園の管理や道路の補修などを行うものである。第三は地域住民の意識改善である。

失業者は、日々の規則正しい生活を取り戻す必要がある。アルコールや薬物に依存することから、少しでも脱却するために社会との結びつきを意識することは非常に大きな意味をもつ。多くの失業者やアルコール依存症の者たちは、地域社会への帰属感を増すことで生きる活力を高め、生活習慣を自ら変えていく。

いま、一〇〇人近い市民が中心となり、さまざまな組合や団体と協力し、アルコール依存者宅の訪問、高齢者との会話など、精神的な支えになるなどの地域実践を行っている。地域コミュニティの中で暮らしていることを実感できるように、地域住民が失業者やアルコール依存症の人たちを別物として扱わないようにこのプロジェクトにかかわる人たちは日々努力を続けている。

その中で、一つの象徴的なプロジェクトがスタートした。クヴィレスタン広場は、つい最近まで忌み嫌われる場所だった。造船所の閉鎖以降、残された店の窓ガラスは抜け落ち、人々は朽ちた建物から足早に急ぎ、公園や遊び場、広場も手入れはほどこされていなかった。これらの朽ち果てて没落した建物や広場が再び元の姿を取り戻すまで、社会的な問題はその数を増やすばかり

クヴィレスタン広場のためにデザインされた塀。塀はオーテルブルーケットにて清掃されたタイルを使用（出典：DELTA PROJECT）

だった。かつてこのクヴィレスタン広場が醸し出していたチャーミングな雰囲気は、すでに失われてしまっていた。そんな中、二年前からデルタを中心に、クヴィレスタン広場の再生をかけたルンドビィ地区委員会のプロジェクトが開始されたのである。失業者の手により、公園の壁は環境に配慮した自然な色に塗り直され、本当に美しく生まれ変わった。また、緑地はきれいに刈り込まれ、よりいっそう魅力的な姿となっていった。公園はリフレッシュし、価値のある枠組みを得た。広場には照明やベンチ、特別にデザインされた塀などが設置され、清潔なものとなった。

クヴィレスタッド・プロジェクトにかかわった人の多くは、このプロジェクトの成果について「長い目で見て欲しい」と述べている。人の意識が変わっていくことは一瞬では成果の出ないものだからこそ、その考えは妥当である。クヴィレスタン広場が再び光を放つ日が必ずやって来る。クヴィレスタン広場が美しさを増すにつれて環境に対する住民の関心はますます高まり、また失業者やアルコール依存症の人たちへの理解も深まっていくことだろう。そのときにこそ、これまで職を転々とした人は元気さを取り戻し、地域への誇りをもち地域の一人として前向きに日々を暮らしていくことだろう。

②オーテルブルーケット・プロジェクト（Återbruket projektet）

第二は、オーテルブルーケット・プロジェクトである。ここはリサイクルセンターであり、たくさんの市民は建築用の材料や部品を探しに毎日やって来る。

ヨーテボリ市民にとっては、オーテルブルーケットはさまざまな意味において役立っている。ここはリサイクルを中心として環境に貢献するだけでなく、市民はいいものを安く買うことができ節約も可能となる。小さなドアや窓などはもっとも需要が多い。見つけ出すのが難しい特別な壁やガラスのパーツなどは、古い会社の建物を取り壊す際などに収集されている。オーテルブルーケットでは、ある人が「ゴミ」と呼ぶものを取り扱い、別の人がそれにお金を出してゆく。それが繰り返されるたびに、知らぬ間に環境への貢献が図られる。毎日、何がしかが購入され、新しい使い手によって息を吹き込まれるとき、それは同時に環境保護に寄与しているともいえる。

På Återbruket tar man hand om det som vissa kallar skräp och andra lägger upp en slant för att äga. Varje gång det händer innebär det ett litet plus för miljön.

オーテルブルーケットでは、綺麗に清掃され見違えるようになったタイルが販売されている（出展：DELTA PROJECT）

熟練した者が“新しい”掘り出し物のケアにあたる
（出展：DELTA PROJECT）

廃棄物を最小限に減らすことにより、リサイクルの輪がうまく回っていく。

市民はここに、掘り出し物を見つけるために、または修理のための部品を探しにやって来る。あちこちに、大型ゴミを再利用してつくられた丸い窓、面白い形のランプやらせん階段などが置かれている。それだけでなく、鏡や古めかしい色のドアやはしごなども無造作に置かれている。ここには、ヨーテボリ市民が自分たちの家やサマーハウスなどで使いたいと思うものがたくさんある。

ルンドビィ地区に住む失業者は、オーテルブルーケットで短期間の雇用に就いて仕事を覚え、新たな職場へと移っていく。ここでは、再就職までの一介の橋として大きな役割が果たされている。

オーテルブルーケットでの仕事は、個人の技能を高めるだけでなく、人とのコミュニケーション能力の向上にもつながる。ここで働く人は、実際に労働社会に出る前に事実に即した現場体験を得ることができる。取り壊し現場での雑用、運転をして会社に道具を取りに行くこと、清掃、書類の整理や市民との電話応対、タイルを洗ったり浴槽をブラシでかけたりするなど、たくさんの仕事がある。

オーテルブルーケットの目的は、厳しい環境意識の定着である。ここで働く二人の建築技師は、店舗で物を売るだけではなく、環境検査を行ったり、建物の取り壊しの際には環境に悪影響を及ぼす廃物の除去についてなどのコンサルティングなども行っている。そして、「ゴミ」といわれるものの中でもう一度使えるものが、ここで働く者たちの手によって蘇っていく。

③ヴィーカン・ヴェルクスタン・プロジェクト（Vican/Verksta'n projektet）

第三のプロジェクトは、失業者の研修と労働を目的とするものである。通常、一八歳から三五歳までの、何らかの原因で職を得られなかった人たちがここで研修を受けている。最初の八週間で自信を取り戻し、その後に労働を継続することで実際社会での雇用を得ることができるようプログラムがつくられている。

初めに、ヒアリングが実施される。一人ひとりの生徒に対して、時間を守る能力があるか、集団または個人での労働に向いているか、忍耐力はどのくらいか、入念さはどうか、社会的適性や知識についてはどうかなど、さまざまな視点からチェックが行われる。こののち、八週間の間に一つの見解を出し、この先個々人がどのような方向に進むべきかということを決定する。大半の生徒には労働訓練が必要である。その経験を喜んで分かち合おうとする熟練の実践的なリーダーが熱心に指導を行う。それぞれは充実した時間をここで過ごし、学ぶ楽しさを知っていく。

ここでの労働訓練は次の三つである。第一は室内装飾作業場、第二は建物修復・修繕、第三は前述のオーテルブルーケットでの作業である。室内装飾作業場では、主にヨーテボリ市の清掃局が収集した古い家具の修繕作業を行う。表面を張り直し、細部を修復してその姿を取り戻してい

最初の木工作学の後（出展：DELTA PROJECT）

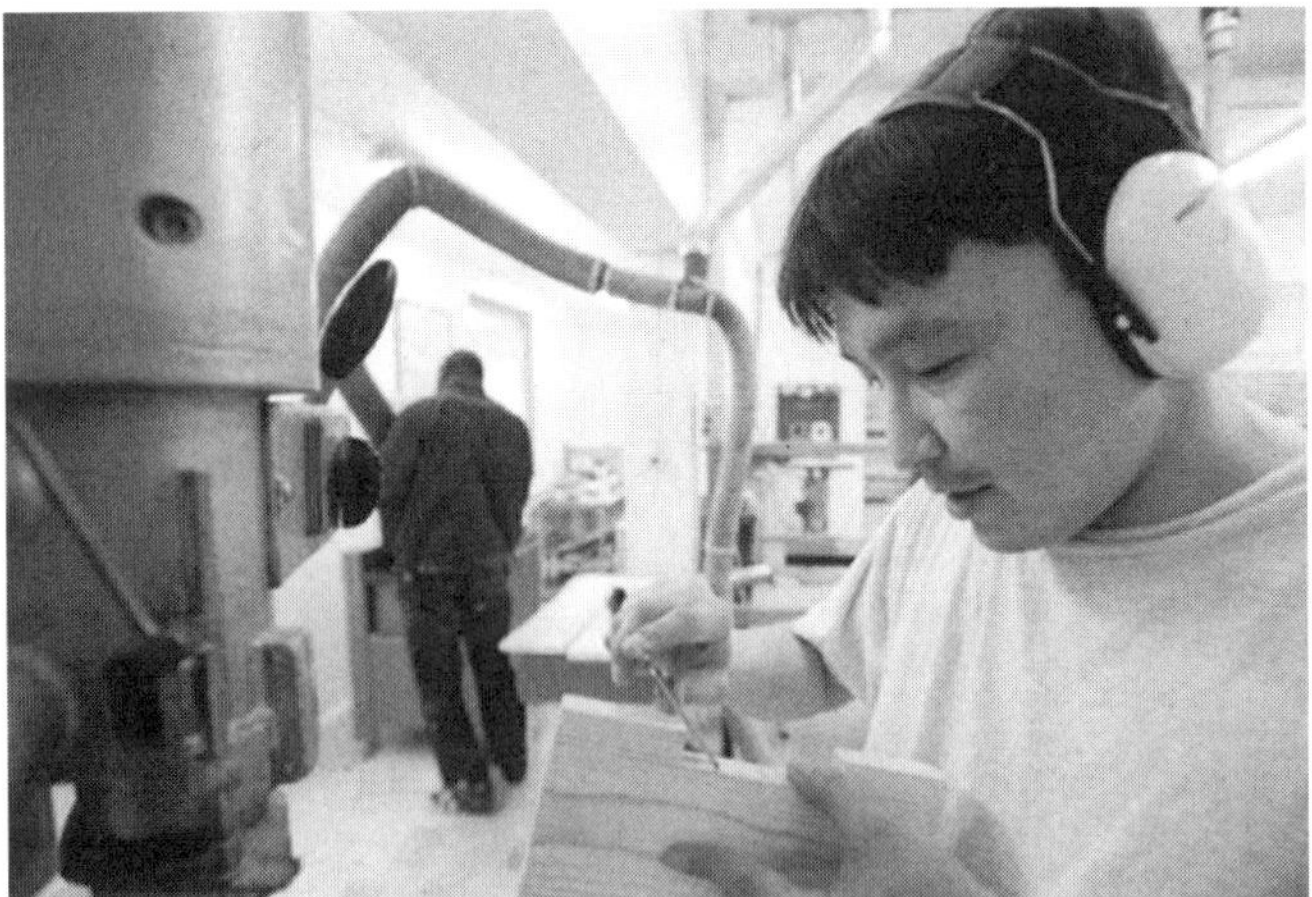

工場に暖かい木の香りが立ちこめる。ハムスターの家やCDケースなど様々なものがつくられる（出展：DELTA PROJECT）

く。ここでの仕事は、一日中、主に屋内で行うことになっている。

反対に、第二の労働訓練である建物修復・修繕は外の作業で、たいていは作業場を離れて別の場所で行う。たとえば、学校の壁の塗り直しであったり、保育園の遊具の設置などである。パンクした自転車も、彼らの手にかかれば新品に早変わりする。

このような労働訓練は、最長六ヶ月間にわたって続けられる。六ヶ月後、いよいよ実社会に出て働くための用意が整い、生徒たちは就職か訓練の続行かのどちらを選ぶかの結論を出さなければならない。ここにに来る六〇人の若者のうち約半数が、靴職人や会社事務員などの通常の仕事に入る。残りの生徒は心身に対するケアを受け、さらに労働訓練を続行していく。

3 ささやかな手づくりのパーティ

市民と手づくりで

二〇〇二年五月末、クヴィレスタッド広場にある公園を使って、市民交流のためのパーティ、市民手づくりのフェスティバルが計画された。市民、地元企業、地区委員会、市の環境委員会、清掃委員会、高齢者や障害者のためのサポート団体などがさまざまな企画をもち寄る。これは、ニルソン氏らがデルタと組んで行ってきた一つのプロジェクトの成果発表の場でもある。すでに紹介した通り、クヴィレスタッド広場にある公園は市民の力によって見違えるように美しいものに変わった。そして、さまざまな組合や団体の協力により、アルコール依存者や失業者たちは精神的な支えを得ている。

今回のフェスティバルでは、長い時間をかけて少しずつ手を加えられてきた公園の移り変わりの様子や、地域住民のさまざまな活動内容がボードに張り出された。また、市民の手によるフリーマーケットの開催、市民団体の活動内容をまとめたインフォメーションコーナーの設置、アマチュアバンドの演奏、環境団体のミニ講演、抽選くじにより企業から寄付のあった景品交付など、たくさんの催し物が企画された。このフェスティバルについてニルソン氏は次のように語った。

「人は弱いものです。失業して何もすることがなければお酒に手を出し、生活が乱れていくのも仕方のないことだと思います。そのときに、ちょっとでも自分の気持ちを語る場所や、ほんの少しの時間でも話を聞いてくれる人がいれば、人は自分の居場所を発見することができます。

ノラエルブストランデンの再開発は大きな〝まちづくり〟です。大規模な機械と莫大なお金を投資して、新たな街をつくるものなのです。このような事業も、地域の発展のためにはぜひとも必要です。私たちは、そういった大きなまちづくりとは別の視点で地域社会の襞に入り込み、少しずつ地域の改善を図ります。ささやかな試みですが、それはいつか実を結びます。デルタと一緒に行ってきた、さまざまな努力が形となります。

住民にとって大切なものとは何でしょうか。それは〝安全と安心〟だと思います。失業者が自らの居場所を確保できること、単身の高齢者が自分は一人ではないと感じられること、一人ひとりの心をつなぎ、地域コミュニティの中でお互いが守られていると認識できるようにすること、これが大切です。〝安全と安心〟を市民同士が地域社会に築いていくことが、〝まちづくり〟のうえでもっとも大切なことだと思います」

四葉のクローバー事務所

「ヘルソレーゲット（Hälsoläget）＝四葉のクローバー」とあだ名される新たな地区事務所が、ルンドビィ地区委員会の近くにある住宅街のフィルクレバースガータン（Fyrklöversgatan 56）に開設された。この事業も、デルタとルンドビィ地区委員会が共同で行っているものである。健康相談の受付が基本だが、単に医学的な意味での健康を扱うだけでなく、社会生活のさまざまな悩み事も受け止め、関係機関への仲介、橋渡しも行っている。ケアや援助を待つうちに、小さな心配事がトラブルに発展してしまうことがある。ヘルソレーゲットは早い段階でのガイダンスやサポートを行い、健康上の問題、社会生活上のトラブルなど、よろず相談的な機能をもっている。

ここでは、スウェーデン語を話すことが困難な場合は、通訳またはそれに準ずる助けを受けることができる。男性、女性、子どもなど、あらゆる年齢のあらゆる人々を対象としている。受付時間は、予約なしの場合には月曜日から金曜日の午前九時から一二時まで、予約をしたうえでの受付は月曜日から金曜日の午後一時から四時となっている。ヘルソレーゲットには、地区担当看護婦、ソーシャルワーカー、社会情報・資料提供者、地区担当医師が常駐し、それぞれ次のような仕事を受け持っている。

❶地区担当看護婦は、健康相談を中心に、ケガや風邪などのケアと援助、採血、傷の手当て、疲労した筋肉のマッサージなどを行う。

❷ソーシャルワーカーは、子どもをもつ親をサポートするために話し合ったり、社会生活を行ううえでの問題についてのケアやサポートを行う。また、必要があれば、健康、経済、労働に関する行政機関と協力して活動する。

❸社会情報・資料提供者は、身近なことに関する社会情報の提供や地域住民のネットワークづくりなど、実践的なサポートを行う。

❹地区担当医師は、問診、診察、さまざまなタイプの感染症やケガ、皮膚病などへの処方を行う。さらに処置が必要とされる場合には健康福祉センターに連絡し、受診の予約を行う。

この事務所では、❶児童や一〇代の子どもをもつ親のためのグループ活動、❷身体に痛みを感じる人のための軽いトレーニングを行うグループ活動、❸健康とライフスタイルの関係などについて話し合うグループ活動、❹地域社会情報に関するグループ活動が、活発に行われている。ヘルソレーゲットの責任者であるライヤ・ティンメルバッカ（Ms. Raija Timmerbacka）氏は、この事務所の活動について次のように述べた。

「行政機関に出向くのは厄介です。また、どこの機関に行ったらいいかわからない人もいます。とくに、スウェーデン語のできない移民の人たちや、社会的な問題を抱えている人たちにはそんな傾向があります。この事務所は、広く行政の活動を地域に開こうとしたものです。さまざまな専門家を配置して相談に気軽にこたえるとともに、情報の提供を行っていくものです。

ここを訪れて、健康上の問題や社会的な問題の解決を図り、また自己の発見、地域の発見をしてもらいたいと思います。ここでは、たくさんの市民がグループ活動を行っています。こういった活動に参加して日々のエネルギーを取り戻し、生きる意欲をもってもらいたいんです」

ヘルソレーゲット（四葉のクローバー事務所）を支える女性スタッフ。真ん中に座っているのがライヤ・ティンメルバッカさん

ここでも小さなパーティが

最後にもう一つだけ、デルタの行っているプロジェクトを紹介しておこう。ノラエルブストランデンからずっと奥に、クヴィレベッケンという森や湿原の豊富な緑地帯がある。地図で「ヒシゲンパーク」と示された場所である（二三三ページの地図参照）。ここでは、失業者やアルコール依存症だった人々の作業により、自然を基本とした新たなレクリエーションの場が造られている。失業者たちは、このプロジェクトにかかわることで地域の一員であることに目覚め、よりよい生活環境の整備と労働の大切さを知る。

クヴィレベッケン周辺は、以前、ジメジメとした沼地を小川が鈍く流れ、光のまったく通らない潅木に覆われ、樺の木の生え茂った一帯であった。それがいま、ここは広大な牧場へと生まれ変わった。小川はサラサラと流れ、新たに整備し直された二つの大きな湿地がキラキラと輝いている。

この一帯には、たくさんの羊や雌牛、そして絶えず増え続けるさまざまな種類の鳥がいる。また、ここは放し飼いの牧場となっていて、ここに住む羊や雌牛、馬のために風除けの小屋と納屋が造られている。そのうえ、たくさんの小さい門や橋が取り付けられ、美しい環境の中を散策することが可能となった。プロジェクトの完成により湿地からは一酸化窒素（No）、燐酸（H_3PO_4）なども取り除かれ、暑い夏の日に子どもたちは小川で水浴びをすることができるようになった。

クヴィレベッケンの小川はここで分岐する。水位の調整も行われる
（出典：DELTA PROJECT）

クヴィレベッケン・プロジェクトの進展につれて事態は変わっていった。周辺の学校では、生徒がこの地区に入って植物の成長を見守ることができるようにした。また、生徒たちは色とりどりの違ったタイプの巣箱をつくって沼地のあちらこちらにかけ、ここに新しく移り住んできた鳥たちが巣箱に住むことを待ち望むようになった。それ以外にも、森の一角に市民が楽しめる素敵なハーブ園も整備された。

近くに住む高齢者の間では、カラフルな色に満ち、よい香りのたちこめる自分たちの庭をつくることが流行となった。雨風にさらされていたたくさんの古いソファが、プロジェクトに携わる人々の手で改装された。立ち止まってちょっとひと休みしたい人のために、それらは公園の片隅や散策道に備え付けられている。

五月の青空の下、若い夫婦がベンチにパラソルを広げ、小さな子どもを抱えながら楽しそうに語らっている。ベンチの脇には赤いマットがひかれ、バスケットの中にはハム、チーズ、赤ピーマンなどが顔をのぞかせている。ここでも小さなパーティが催されている。一つの実践は地域の多くの市民に深い感動を与え、大きな力となっていく。

おわりに

交通網の整備や産業振興のための施策など、ノラエルブストランデンの再生のためには「大きなまちづくり」の視点は欠かせない。そのための手法は、グローバルな経済社会の発想に近い。そして、それとは異なったもう一つの視点、人間の尊厳に基づく「小さなまちづくり」が存在することがスウェーデンの特色である。第5章でアニータ・ニルソン氏が語られた通り、両者の視点は時に対立しながらも、スウェーデン流のコンセンサス・ポリティクスにより譲歩と妥協を経て両者の合意へと導かれる。

いつもそうだが、ヨーテボリ市をめぐりながら、この街が提示する課題は日本の自治体職員である私にとって常に自らのものとして跳ね返ってくる。それらは、自治体現場で私が向き合う課題とどこかで呼応している。たとえば、川崎市臨海部の産業振興もヨーテボリ市と同様の課題である。ここでは、いまだに産業の空洞化が進行している。かつて日本の高度経済成長を担い、日本の発展をリードしてきた京浜工業地帯は新たな方向性を求めて呻吟《しんぎん》している。

私たちの体の中に親から子へ、そして子から孫へと受け継がれていく遺伝子があるように、都市にも長い時間をかけてつくられ、街の風や色や匂いとして刻みつけられてきた固有の遺伝子がある。川崎市にとってのそれは、ヨーテボリ市のウォーターフロント地区であるノラエルブストランデンと同じように、長い年月をかけて形成されてきた京浜工業地帯を中心とした工業集積である。それはまた、内陸部の高津区下野毛などに軒を連ねる準工業地帯の零細な工場群である。すなわち、高付加価値分野の生産拠点であり研究開発センターとして位置づけられる機械・電機などの大企業の集積と、厳しい競争の中で試され「均衡ある発展」を標榜してきた国土政策の中にあっても生き抜いてきた中小企業を中心とする幅広い基盤技術産業の集積が大いなる遺伝子の一つである。

二一世紀、日本の産業を取り巻く環境は大きく変貌し、研究開発型企業への転換や独自の製品開発力、技術力、プロダクト・イノベーションが厳しく求められている。だが、情報、文化、福祉、環境、デザインといった新しい産業の創出や、新製品の開発・技術の改良についても、「考えを形にする力」、すなわち切削や研磨、熱処理、鋳・鍛造、プレス、メッキ、金型などの基盤技術がなければ成り立たない。ノラエルブストランデンは高度な知識集約型産業の集積ととらえられがちだが、「考えを形にする力」がその前提となっている。ここにある幅広い技術力は、造船所の時代に培われてきたものである。研究開発を基軸とした新たな産業の振興も、工業技術を大切にするスウェーデンの伝統に根ざしている。世界最適地としての開発拠点を創造するためには、新たな知識やノウハウとともに常に幅広く深みのある基盤技術の集積が求められるわけだ。ノラエルブストランデンを巡りながら、川崎を含む京浜工業地帯の再生を夢見る。「国際環境特区」や「アジア起業家ムラ」など、さまざまな知見をもちより雄々しく羽ばたく、新たな臨海部の姿を思う。

そして、本書の主題となっているもう一つのものは、新たな市民社会の構築に向けた地域での具体的な実践である。すでに第5章で述べた通り、ヨーテボリ市が積極的に進めていく「大きなまちづくり」とは別に、地域社会の中での「小さなまちづくり」の実践が着実に積み重ねられており、それらは新たな物語を形づくっている。「大きなまちづくり」の視点と「小さなまちづくり」の視点が相互に交わることで、誤りのない政策が進められていくはずだ。

幸いなことに、川崎市は政令指定都市として七つの区役所をもっている。各区役所が市民ニーズを的確に受け止め、ノラエルブストランデンを抱えるルンドビィ地区委員会のように「小さなまちづくり」の視点をもち、本庁組織とは別の立脚点を確立できるとすれば誤りのない政策が形成される。

当然のことだが、区役所窓口における効率的なサービスの提供が何よりも第一である。地域での最大のサービス産業として、市民の視点に立ったサービス提供が重要であり、市民の共感を得る組織であることがその前提となる。そして、そのような認識のもとに、市民の思いや夢を我がことのようにとらえ、課題解決に向けて真摯に、そしてひたむきに最大限の努力をする組織であることが理想である。いま行われている第二七次の「地方制度調査会」の中で行政区の新たな方向性が描かれるのだろうが、阿部孝夫川崎市長が常々語られるように、分権時代の新たな都市像を率先して描いていくことが求められている。

将来がなかなか見通せない混沌とした状況の中にあっても、私たち自治体職員は精いっぱいの努力を続けている。さまざまな矛盾に引き裂かれ困惑し苦悩しながらも、地域課題を解決するために渾身の力を込める。そんな中にあって、ふと疲れくたびれたとき、私はハンス・アンデル氏のサマーハウスを思い出す。あの抜けるような青空、そしてゆったりした楽しい時の流れ……そこにはビットシッパの白い花が一面に咲きそろっている。私の掲げたスウェーデン国旗は、いまも輝く日差しの中でゆったりと風になびいている。

分権時代にある、かの国の自治体職員の苦悩や困惑、喜びや悲しみに思いをはせよう。どこにも理想の国などはなく、ただ課題に向けて努力する、その一点だけなのだから。

多くの方々の御指導と御協力を得て、本書を書き上げた。

かの地で御指導をいただき、私にスウェーデンの扉を開いていただいた岡沢憲芙早稲田大学教授に心からの感謝を申し上げる。スウェーデン、そして北ヨーロッパについての新たな知見を提示されている小川有美立教大学教授、川崎一彦北海道東海大学教授、城戸喜子田園調布学園大学教授、篠田武司立命館大学教授、藤岡純一高知大学教授、宮本太郎北海道大学教授、吉武信彦高崎経済大学教授、このほかにもさまざまな識者から多くの示唆を得た。神野直彦東京大学教授の『人間回復の経済学』（岩波新書、二〇〇二年）をはじめとする一連の著作は本書を書き上げるうえでの大きなヒントとなった。心から感謝の言葉をささげたい。ハンス・アンデル氏、アニータ・ニルソン氏など、感謝申し上げるべきヨーテボリ市の職員は数かぎりがない。ヨーテボリ大学のカリン・セデルホルム氏、中村みお氏、カイ・レイニウス広報参事官、須永昌博元科学技術部アタッシェにも深くお礼を申し上げる。

私はいま、社会人学生（中央大学大学院総合政策研究科博士課程前期）である。指導教官である増島俊之教授（元総務庁事務次官）、小林秀徳教授、細野助博教授からは常に多くの示唆を得ている。同じ社会人学生である大古場裕氏（元千葉市総務局長）からは、豊かな経験に基づく温かな励しの言葉を得てきた。内山麻希氏、清水雅典氏、西村秀美氏、八木豊和氏からもたくさんの知見を得た。ここに総合政策研究科の全員に深くお礼を申し上げる。

本書はまた、私が川崎の地での実践を通じてお会いした多くの識者の知見によるものでもある。新たな産業社会の創造に向け骨太の方針を語られる久保孝雄元川崎市産業振興財団理事長、瀧田浩KSP常務取締役、原田誠司那須大学教授、関満博一橋大学教授、鵜飼信一早稲田大学教授、真田幸光愛知淑徳大学教授、西澤正樹パス研究所代表、そして川崎の地で着実に事業を進められる松永和俊商店街連合会理事、辻永青年工業経営研究会会長、関喜範JAセレサ青壮年部理事、上田勝身ものづくり共和国初代大統領、各氏に感謝の言葉をささげる。

さらに、本書のもう一つのテーマである市民社会のあり様や方向性について、明確に語っていただいている武藤博巳法政大学教授（川崎市市民活動推進委員会座長）、「新たな公共」の姿を追い求め常に広い視野をもたれている三田啓一氏（「都市問題」編集長）、今井照福島大学教授、「自治基本条例づくり」などにおいてお世話になっている寄本勝美早稲田大学教授、辻山幸宣元中大教授、人見剛都立大教授、小島聡法政大学助教授、金井利之東京大学助教授、辻琢也政策研究大学院大学助教授、「まちづくり三条例」などの策定にあたりお世話になった小林重敬横浜国大教授、北村喜宣上智大学教授、内海麻利駒澤大学講師、打越綾子成城大学講師、土山希美枝龍谷大学助教授、三好秀人氏（神奈川新聞論説委員）、市民社会の創造に向け地域で地道な活動を続けられている小倉敬子氏（市民文化パートナーシップかわさき）、鮫島由喜子氏（ワーカーズコレクティブあいあい）、松井隆一氏（平瀬川流域まちづくり協議会）、伊藤弘子氏（社会福祉協議会）、高松昭氏（高津まちづくり協議会）、このほか多くの川崎市民の方々に同様の感謝の言葉をささげる。

そして、いまだに続く私の「一人でないひとり旅」に理解を示され的確な助言をいただいている北條秀衛川崎市総合企画局長、木場田文夫政策部長、海老名富夫主幹、土方慎也副主幹、橋本伸雄主査、中村茂主査、今村健二主査、鈴木洋昌氏、鴻巣玲子氏、照屋初美氏、そして多くの上司、同僚、後輩の皆さん、また、丁寧な校正を行われた新評論の武市一幸氏にも改めて御礼の言葉をささげたい。

最後になるが、わがままな私の行動を常に影でささえ続けてきた妻、敦子に心から「ありがとう」の言葉をささげる。

二〇〇三年　七月

伊藤　和良

参考文献一覧

・アグネ・グスタフソン／岡沢憲芙監修、穴見明翻訳『スウェーデンの地方自治』、（早稲田大学出版部、二〇〇〇年）
・アドロフ・D・ラッカ／河東田博ほか訳『スウェーデンにおける自立生活とパーソナル・アシスタンス』（現代書館、一九九一年）
・アーネ・リンドクウェスト、ヤン・ウェステル／川上邦夫訳『あなた自身の社会、スウェーデンの中学校教科書』（新評論、一九九七年）
・五十嵐敬喜・小川明雄、『都市再生を問う』（岩波新書、二〇〇三年）
・内橋克人『共生の大地』（岩波新書、一九九五年）
・岡沢憲芙『スウェーデンの挑戦』（岩波新書、一九九一年）
・岡沢憲芙・奥島孝康編『スウェーデンの政治』（早稲田大学出版部、一九九四年）
・岡沢憲芙・奥島孝康編『スウェーデンの経済』（早稲田大学出版部、一九九四年）
・岡沢憲芙・奥島孝康編『スウェーデンの社会』（早稲田大学出版部、一九九四年
・オロフ・ペタション／岡沢憲芙監訳『北欧の政治』（早稲田大学出版部、一九九八年）
・大森彌・大和田健太郎『どう乗り切るか市町村合併』（岩波ブックレット、二〇〇三年

・小沼博司・大橋理映『重工業地帯の再生と創造』（川崎市政策課題研究チーム、二〇〇三年）
・川原彰『比較政治学の構想と方法』（三嶺書房、一九九七年）
・カールヘンリク・ロベール／高見幸子訳『ナチュラル・チャレンジ』、（新評論、一九九八年）
・金子勝『セーフティーネットの政治経済学』（ちくま新書、一九九九年）
・北村喜宣『自治体環境行政法』（良書普及社、二〇〇一年）
・木村純一、他『小さなまちづくりの手法開発』（川崎市政策課題研究チーム、一九九六年）
・久保孝雄、原田誠司、新産業政策研究所編著『知識経済とサイエンスパーク』（日本評論社、二〇〇一年）
・訓覇法子『スウェーデン四季暦』（東京書籍、一九九四年）
・小林重敬『協議型のまちづくり』（学芸出版社、一九九八年）
・小林重敬『条例による総合的まちづくり』（学芸出版社、二〇〇二年）
・斉藤弥生・山井和則『高齢社会と地方分権』（ミネルヴァ書房、一九九四年）
・佐々木信夫『地方分権と地方自治』（勁草書房、一九九九年）
・佐々木信夫『現代行政学――管理の行政学から政策学へ』（学陽書房、二〇〇〇年）
・佐々木信夫『自治体の「改革設計」』（ぎょうせい、二〇〇二年）
・篠田武司編著『スウェーデンの労働と産業―転換期の模索』（学文社、二〇〇一年）
・神野直彦『地方に財源を』（東洋経済、一九九八年）

・神野直彦『システム改革の政治経済学』（岩波書店、一九九八年）
・神野直彦『地方自治体壊滅』（NTT出版、一九九九年）
・神野直彦『「希望の島」への改革』（NHKブックス、二〇〇一年）
・神野直彦『人間回復の経済学』（岩波新書、二〇〇二年）
・神野直彦『地域再生の経済学』（中公新書、二〇〇二年）
・スヴェン・ティーベィ編／外山義訳『スウェーデンの住環境計画』（鹿島出版会、一九九六年）
・関満博『現場主義の知的生産法』（ちくま新書、二〇〇二年）
・関満博『地域産業の未来――二一世紀型中小企業の戦略』（有斐閣選書、二〇〇一年）
・関満博『現場発　ニッポン空洞化を超えて』（日経ビジネス人文庫、二〇〇三年）
・田中友章『失われた場所の記憶とまち資源』（かわさきのまち資源を考える会、2001年）
・西尾勝『未完の分権改革』（岩波書店、一九九九年）
・沼田良『市民の政府――Who Changes What, When, How』（公人社、二〇〇〇年）
・ハラール・ボルデシュハイム、クリステル・ストールバリ／大和田健太郎他訳『北欧の地方分権改革』（日本評論社、一九九五年）
・藤岡純一編『スウェーデンの生活者社会』（青木書店、一九九三年）
・藤岡純一『スウェーデンの財政』（有斐閣選書、二〇〇一年）
・福田成美『デンマークの環境に優しい街づくり』（新評論、一九九九年）

・増島俊之『行政改革の視点』（良書普及社、一九九八年）
・増島俊之、小林秀徳『証言大改革はいかになされたか』（ぎょうせい、二〇〇一年）
・蓑原敬『街づくりの変革』（学芸出版社、一九九八年）
・吉武信彦『日本人は北欧から何を学んだか』（新評論、二〇〇三年）
・吉田文和『ＩＴ汚染』（岩波新書、二〇〇一年）
・山口定・佐藤春吉・中島茂樹・小関素明『新しい公共性』（有斐閣、二〇〇三年）
・Agune Gustafsson “*The Changing Local Government And Politics Of SWEDEN*”, 1991
・Goteborgs Stad “*City of Goteborg annual report*”, 1994～2003
・Goteborgs Stad “*Comprehensive Plan for Goteborg*”, 1994, 2000
・Goteborgs Stad “*Norra Älvstranden The Guide*”, 2000
・Goteborgs Stad “*Norra Älvstranden The Process*”, 2001
・Goteborgs Stad “*The plan of Sannegården*”, 2001
・Hans Ander & Lars Berggrund “*Goteborg from dirty city to Emvironmental city*”, 1999
・Lennart Nilsson & Jorgen Westerstahl “*Goteborg-A Decentralized City*”, 2000
・Olof Petersson “*Swedish Government and Politics*”, 1994
・Svenska Institutet “*Swedish Local Government Traditions and Reforms*”, 1999

参考資料一覧

第3章第1期

1 1977 Decision by Municipal Executive Board to preserve Lindholmen / Slottsberget as a residential area.

2 1979 Local Housing Committee decided that houses should be improved.

3 Ministry of industry on new shipyard proposition: Arendal focuses on offshore and prefab-facilities. Cityvaraet reduced to regional repair yard. (prop 1979)

4 Norra Älvstranden The Process

第3章第2期

1 Proposal for commercial policy programme in Goteborg (1980 City report)

2 Land-distribution plan for GOTEBORG 1983

3 Eriksberg'85 (Swedeyardcorp report 1982)

第3章第3期

1 Structure plan for part of Hisingen (City Planning Authority report 1986)
2 Planning document for structure plan (Norra Älvstranden report 1989)

第3章第4期

1 Basic agreement between EFAB and Goteborg municipality concerning conditions applicable to exploitation of the Eriksberg area
2 Structure plan for Norra Älvstranden
3 Exhibition document Eriksberg visioner I hamn

第3章第5期

1 Collaboration agreement between Norra Älvstranden utveckling AB and Ericsson mobile data design AB
2 Approval of structure plan for Lindholmen corporate park
3 Program for Lindholmen-Lundbystrand
4 Verksamheten 2000～2002 Norra Älvstranden

【サ】

【タ】

【ナ】

索　引

著者紹介

伊藤　和良（いとう・かずよし）

1955年、神奈川県生まれ。

1978年、中央大学法学部法律学科卒業。

1978年、川崎市役所入所。

1983年、川崎市海外派遣制度第一期生に選ばれ、スウェーデン・ヨーテボリ市を訪問。

同年、スウェーデン社会研究所の会員となり、以来ヨーテボリ市との交流を続ける。

現在、川崎市総合企画局政策部主幹（市民自治拡充・区行政改革担当）。スウェーデン社会研究所会員。社会人学生（中央大学大学院総合政策研究科博士課程前期）

共著書：辻山幸宣編『住民・行政の協働』（ぎょうせい、1998年）、関満博・大野博編『サイエンスパークと地域産業』（新評論、1999年）、『スウェーデンの分権社会』（新評論、2000年）、喜多明人他編『子どものオンブズパーソン』（エイデル研究所、2002年）、鈴木庸夫他編『政策法務の理論と実践』（第一法規、2003年）など。

スウェーデンの修復型まちづくり
知識集約型産業を基軸とした「人間」のための都市再生　（検印廃止）

2003年9月30日　初版第1刷発行

著　者　伊藤和良

発行者　武市一幸

発行所　株式会社　新評論

〒169-0051
東京都新宿区西早稲田3-16-28
電話　(03)3202-7391
振替・00160-1-113487
http://www.shinhyoron.co.jp

落丁・乱丁はお取り替えします。

定価はカバーに表示してあります。

印刷　フォレスト
製本　清水製本プラス紙工
装丁　山田英春
写真　伊藤和良、ヨーテボリ市

Printed in Japan
ISBN4-7948-0614-0　C0036

よりよく北欧を知るための本

福田成美 **デンマークの環境に優しい街づくり** ISBN 4-7948-0463-6	四六 250頁 2400円 〔99〕	自治体，建築家，施工業者，地域住民が一体となって街づくりを行っているデンマーク。世界が注目する環境先進国の「新しい住民参加型の地域開発」から日本は何の学ぶのか。
福田成美 **デンマークの緑と文化と人々を訪ねて** ISBN 4-7948-0580-2	四六 304頁 2400円 〔02〕	【自転車の旅】サドルに跨り，風を感じて走りながら，デンマークという国に豊かに培われてきた自然と文化，人々の温かな笑顔に触れる喜びを綴る，ユニークな旅の記録。
飯田哲也 **北欧のエネルギーデモクラシー** ISBN 4-7948-0477-6	四六 280頁 2400円 〔00〕	【未来は予測するものではない，選び取るものである】価格に対して合理的に振舞う単なる消費者から，自ら学習し，多元的な価値を読み取る発展的「市民」を目指して！
河本佳子 **スウェーデンの作業療法士**	四六 264頁 2000円 〔00〕	【大変なんです，でも最高に面白いんです】スウェーデンに移り住んで30年になる著者が，福祉先進国の「作業療法士」の世界を，自ら従事している現場の立場からレポートする。
河本佳子 **スウェーデンののびのび教育**	四六 256頁 2000円 〔02〕	【あせらないでゆっくり学ぼうよ】意欲さえあれば再スタートがいつでも出来る国の教育事情（幼稚園～大学）を「スウェーデンの作業療法士」が自らの体験をもとに描く！
伊藤和良 **スウェーデンの分権社会** ISBN 4-7948-0500-4	四六 263頁 2400円 〔00〕	【地方政府ヨーテボリを事例として】地方分権改革の第2ステージに向け，いま何をしなければならないのか。自治体職員の目でリポートするスウェーデン・ヨーテボリ市の現況。
清水　満 **新版 生のための学校**	四六 288頁 2500円 〔96〕	【デンマークに生まれたフリースクール「フォルケホイスコーレ」の世界】テストも通知表もないデンマークの民衆学校の全貌を紹介。新版にあたり，日本での新たな展開を増補。
A.リンドクウィスト，J.ウェステル／川上邦夫訳 **あなた自身の社会**	A5 228頁 2200円 〔97〕	【スウェーデンの中学教科書】社会の負の面を隠すことなく豊富で生き生きとしたエピソードを通して平明に紹介し，自立し始めた子どもたちに「社会」を分かりやすく伝える。
藤井　威 **スウェーデン・スペシャル（Ⅰ）** ISBN 4-7948-0565-9	四六 258頁 2500円 〔02〕	【高福祉高負担政策の背景と現状】前・特命全権大使がレポートする福祉大国の歴史，独自の政策と市民感覚，最新事情，そしてわが国の社会・経済が現在直面する課題への提言。
藤井　威 **スウェーデン・スペシャル（Ⅱ）** ISBN 4-7948-0577-2	四六 314頁 2800円 〔02〕	【民主・中立国家への苦闘と成果】遊び心に溢れた歴史散策を織りまぜながら，住民の苦闘の成果ともいえる独自の中立非同盟政策と民主的統治体制を詳細に検証。

※表示価格は本体価格です。